青少年心理品质丛书

主编：夏阳

计较、嫉妒、记恨
人生的三大敌人

张俊红◎编著

新疆美术摄影出版社

新疆电子音像出版社

图书在版编目(CIP)数据

计较、嫉妒、记恨：人生的三大敌人 / 张俊红编著.-- 乌鲁木齐：
新疆美术摄影出版社：新疆电子音像出版社, 2013.4
ISBN 978-7-5469-3897-4

Ⅰ.①计… Ⅱ.①张… Ⅲ.①成功心理 – 青年读物②
成功心理 – 少年读物 Ⅳ.①B848.4–49

中国版本图书馆 CIP 数据核字(2013)第 071553 号

计较、嫉妒、记恨人生的三大敌人　　主　编　夏　阳

编　　著	张俊红
责任编辑	吴晓霞
责任校对	李　瑞
制　　作	乌鲁木齐标杆集印务有限公司
出版发行	新疆美术摄影出版社
	新疆电子音像出版社
地　　址	乌鲁木齐市经济技术开发区科技园路 7 号
邮　　编	830011
印　　刷	北京新华印刷有限公司
开　　本	787 mm × 1 092 mm　　1/16
印　　张	15.25
字　　数	224 千字
版　　次	2013 年 7 月第 1 版
印　　次	2013 年 7 月第 1 次印刷
书　　号	ISBN 978-7-5469-3897-4
定　　价	45.80 元

本社出版物均在淘宝网店：新疆旅游书店(http://xjdzyx.taobao.com)有售，欢迎广大读者通过网上书店购买。

1

计较、嫉妒、记恨：人生的三大敌人

计较、嫉妒、记恨：人生的三大敌人

第一章　摒弃计较：不计较才能心态平和

　　人，唯有秉持"不计较"的胸怀，才能涵容万物，罗致十方。

不计较是优势，冷静是权力

不计较是优势，冷静是权力。将心情调适到最佳状态，默默地对心说："平和，安静！"如果心灵平静能将心中那些恶念和虚幻的东西如风吹散云彩一样全部驱散，那你的心灵便不会被外界所困扰，产生这样或那样的奢望与恐惧，才能见到一颗原存在于我们本性里的不计较之心。

不计较的心态看待许多事情往往可以使我们获得心灵的平静，安静平稳和智慧一样宝贵，其价值胜过黄金——是的，比足赤真金还要昂贵。宁静的生活是生命在真理的海洋中，在急流波涛之下，不受风暴的侵扰，在永恒的安宁中。

关于平静，其实并非只是我们想象中的安静平和的场景。

有一幅画很好地诠释了平静的含义。我们不妨先来看看这幅画的来源：一位大学美院的老师突发奇想，叫几个班的学生都创作一幅描绘"平静"的画。多名学生冥思苦想的创作之后，交来了一幅幅安详优美的画稿。有乡村风景图：牛羊在碧绿的田野上吃草，鸟儿在蔚蓝的天空中飞翔，安静的小山村掩映在远山的安详和谐中。也有的画了美丽母亲的肖像，呼之欲出的母亲怀抱着熟睡的婴儿，脸上露出了慈爱的微笑。好像在哼唱平静慈祥的歌！真的是很平静很美的画了，有的画已接近了大师的水平了。可是老师看着这一幅幅画一直面无表情，没有赞赏之意。突然美术老师眼睛停止了眨动，屏住了呼吸。盯住了眼前铺开的一幅画，表情惊喜，说道：嗯！找到了！这幅画才是真正的平静之画。那么，到底是怎样一幅画能让美术老师如此惊喜呢？画面是这样的：漆黑的波澜起伏的大海上，狂风漫卷着沉重的乌云，礁石在海浪的巨掌中呻吟着，天是那么的低，低得仿佛令人透不过气来；海边的小屋里，火炉中正洋溢着温暖的红，渔夫嘴里含着一管烟斗，微眯着双目，注视着炉火的光芒，一只小猫扒在他的脚边，年轻的妻子低着头精心的织补着渔网，炉火的微光如画笔般,把她的美好悄悄地勾画了出来。

正如这幅画所表现的那样,平静并不意味着待在一个没有动乱,没有烦扰,没有困苦的地方。而是意味着虽置身雷霆闪电之下,仍能保持心灵的安宁平静。很多的人穷其一生来追求平静,却也不可得。从另一个角度来讲,无论是遇到什么挫折,什么不幸的事情,只要凡事不去计较,那么你就寻找到了心灵的平静,这真的比黄金更贵重。

其实,心灵的平静很多时候也表现在不计较的心态上。所谓不计较的心态,就是平静地接受一切事实的心态,它可能是好的,也可能是坏的。不计较不仅仅是对待荣誉和幸运的心态,它也是对待挫折和失败应有的心态。无论是这两种中的哪一种,都是人生的大智慧。

现实中的经验会告诉你,坚强、冷静的人总是受到人们的爱戴和尊敬。他像是烈日下一棵浓荫茂盛的树,或是暴风雨中抵挡风雨的岩石。正如有人所说:"谁会不爱一个安静的心灵,一个温柔敦厚、不温不火的生命?"

无论是狂风暴雨还是艳阳高照,无论是沧海巨变还是命运逆转,对于那些徜徉在平静的心灵之海中的人们来说,都能泰然处之。这样的人永远都安静、沉着、待人友善。我们所赞美的"静稳"的可爱的性格是人生修养的一课,是生命盛开的鲜花,是灵魂成熟的果实。

生活中你会发现,周围有大多数人都因缺少自我控制而破坏了自己的生活,损害了原有的幸福。在生活中,我们碰到的真正能够沉着冷静,保持一份平稳安宁的人真是寥若晨星。

其实,想要得到心灵的平静很简单,如果能丢开杂念,就能在喧闹的处境中体会到内心的宁静。

佛家说,心地不空,不空所以不灵。哲人说,许多困扰和烦躁往往来自于自己。

假如你的内心不受复杂的外界干扰,让它平静下来,你就可以得到你想要的一切。反之,你则什么都得不到。拥有一颗不计较之心,才能从容面对人生。

3

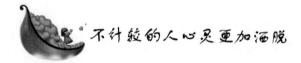

经历了暴风骤雨的人们，无论其身处何方，无论身处何境，他们都知道——在生活的海洋中，幸福的岛屿在微笑挥手，理想的充满阳光的彼岸在等待着他们的到来。

这就要求你控制自己的思想，摆正自己的思考方式，将你的手牢牢地放在思想之舵上，在你的灵魂深处，有一个发号施令的主人，它可能在沉睡，唤醒他吧！

不要因外界的纷纷扰扰而自坏阵脚，乱了自己生活的步子，更不要心生烦躁、忧虑、焦灼，要保持你心情的宁静。

能在一切环境中都做到凡事不去计较的人，是有高度修养的人，也是一个快乐的人，是能成就大事业的人。他能冷静地应对世事的千变万化，永远不迷失自己的目标。我们要努力培养自己的抗干扰能力，"任凭风浪起，稳坐钓鱼台"。这个"台"，就是平静，不去计较。

不计较的人心灵更加洒脱

在漫漫旅途中，失意并不可怕，受挫也无须忧伤。只要心中的信念没有萎缩，只要自己的季节没有严冬，即使风凄霜冷，即使大雪纷飞，又有何惧？艰难险阻是人生另一种形式的馈赠，坑坑洼洼也是对意志的磨砺和考验。落英在晚春凋零，来年又灿烂一片；黄叶在秋风中飘落，春天又焕发出勃勃生机。这何尝不是一种达观，一种洒脱，一份人生的成熟，一份人情的练达？

这种洒脱人生不是玩世不恭，更不是自暴自弃。洒脱是一种思想上的轻装，是一种目光的超前。懂得了这一点，才不至于对生活斤斤计较，才不会在受挫之后彷徨失意。懂得了这一点，才能挺起刚劲的脊梁，披着温柔的阳光，找到充满希望的起点。

一个人的性格，往往是大胆中蕴涵着鲁莽，谨慎中伴随着犹豫，聪明中表露了狡猾，固执中折射出坚强，羞怯会成为一种美好的温柔，暴躁会表现一种力量与激情。但无论如何，豁达洒脱对于任何人，都会赋予他们一种完美的色彩。

生活中的很多事情都无需我们过多忧虑，世界万物都是自然而然，事物的发展运动也是自然而然的，不计较的人心灵更加洒脱。一年四季里，有风和日丽也有雷电交加，一切都很平常。

意外总在不经意间出现，生活中更没有绝对的稳妥和公平。许多意外发生时，注定了你会失去某些东西，但不计较的人总能以一颗洒脱之心去对待。凡事都应以坦然相待，对人生的诸多事情，要保持一份洒脱。

在人生中，有很多事情并不是我们都能预料到的，也并不是我们都能够承担得起的，但只要我们努力去做，求得一份付出后的洒脱，最终得到的也是一种快乐！

假如生活给我们的只是一次又一次的失落，这也没什么，因为那只是命运剥夺了我们高贵活着的权力，但并没有夺走我们活得快乐和自由的权力。

没有草原的芬芳，我们可以有小草的青翠；没有蓝天的蔚蓝，我们可以有白云的飘逸；没有大海的壮阔，我们可以有小溪的悠然。

生活里是没有旁观者的，每个人都有一个属于自己的位置，每个人也都能找到一种属于自己的精彩。

影响你成功的，有时并不是困境及磨难，而是你的心态。如果把自己浸泡在积极、不斤斤计较的心态中，成功必然会降临在你身上。

你要做到"不以物喜不以己悲"，需要有一种不计较的生活态度。在日常生活中可能会碰到非常令人兴奋的事情，也同样会碰到令人消极的、悲观的坏事，这本来应属正常。如果我们总是计较那些不如意的话，也就相当于往下看，终究会摔下去的。

因此，如果要恢复信心，我们就应尽量做到脑海想的、眼睛看的以及口中说的都是光明的、乐观的话题，发扬不计较的精神，才能在我们的事业中实现成功。

成功人的首要标志在于他们懂得以不计较的态度处世。一个人如果不去计较一些小事，坦然地面对人生，乐观地接受挑战和应付麻烦事，那他就成功了一半。

5

 ## 切莫让小事绊住了我们的脚步

人数十年的生命何其短暂，切莫让小事绊住了我们的脚步，不要让琐碎的烦恼浪费我们宝贵的青春。只要你不去计较，踏实做事，生活便会向你敞开怀抱，露出笑脸。要知道，凡事不去计较，世界就会不同，凡事不要计较那么多，从容地面对生活，是人生的一种崇高境界。

在日常生活中，有很多这样的人，他们面对各种艰难险阻都非常勇敢，却被小事搞得心烦气躁、垂头丧气，尤其是琐碎的家务事。正所谓"清官难断家务事"，其实这并非清官无能，而恰是他们的高明之处，因为生活中有太多事情是不值得去计较的。

别为小事而烦恼、伤神，不顺心的事，每个人都会遇到，或生活上的，或工作上的，或学习上的，或家长里短，或金钱纠葛上的……所有不顺心的事都会让我们觉得不如意，如果整天想着，天天愁眉苦脸的，那就更难如意了。不要经常计较一些小事，要让自己的生活过得开心。

黄岚在所有人眼里都可以称得上是一个成功的人。她不到40岁，就拥有了一家业绩骄人的公司。她常化着淡妆，穿着简单而高雅的服饰，出入各种场合。大家都非常愿意和她相处，做生意的伙伴也觉得和她合作很愉快。

因此，她的生意越做越好。经常有同龄的女客户好奇地问她："保持青春的秘诀是什么？"黄岚总是这样回答："我不知道。大概是因为我没有烦恼吧！"

"年轻的时候，我常常计较一些鸡毛蒜皮的小事。连男友说你是不是又吃胖了，我都会计较得睡不着觉，甚至会以为他不爱我了。后来，我爸爸因车祸去世了，我忽然发现自己看开了世间的烦恼，从此不再计较那么多了，变成了一个乐观的人。"黄岚接着说，"其实我爸爸也挺不容易的，他20多岁开始创业，40岁时就已经是一个大老板了。他车祸去世前几天，正为公司少了一笔10万元的账而计较，生闷气。"

"他一向不爱看账本，那天，他忽然心血来潮把会计的账本拿出来瞧。管会计的人是他的合伙人，因为这一笔账去路不明，爸爸开始怀疑两个人多年来的合作是否都有被吃账的问题。我爸爸因为这笔钱睡不着觉，睡不着就开始喝酒，有一天晚上应酬后开车回家，就发生了车祸。爸爸走了之后，我妈妈处理他的后事时发现，他的合伙人只不过把这个公司的10万元挪到一个子公司用，不久又挪回来了。没想到我爸爸为了这笔钱计较了那么久，最终……从我爸爸身上，我得到了这一教训，不要制造烦恼，不要自找麻烦，就以最单纯的态度去应付事情本来的样子。"

从黄岚身上我们可以感悟到：人如果总因为不可能发生的事、不足挂齿的小事、事不关己的事而计较的话，日积月累下来，便会成为心病，甚至危及自己的生命。

也许你认为要想克服因为一些小事情所引起的困扰十分困难，其实不然，只要稍微转移或改变一下自己的看法和重点就可以了——新的、可以令自己开心一些的看法。在烦恼摧毁你的心态之前，先改掉为小事发狂的习惯吧，请记住下面这个原则：不要让自己因为一些应该抛开和忘记的小事烦心，生命太短促了。

物有盛衰，人有生死。顺应自然，投入地活着，相信自己的能力，实现自我的最大价值，才是人生应有的心态。

人生在世就那么几十年，为什么非要让计较来占据自己的生活空间呢？人要善于调整自己的心态，凡事都随他而去，不去计较，以此来排解生活中烦心的事情，化干戈为玉帛，才能不为小事伤身。

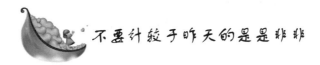

不要计较于昨天的是是非非

昨天只是逝去的今天，而明天又是未来的今天；唯有今天，我们才真正地拥有。把握好今天，才拥有一个真实的自己，去踏平一

第一章　摒弃计较：不计较才能心态平和

条坎坷的道路；把握好今天，充分利用好每个今天，才能摆脱昨天的痛苦，耕耘今天的幸福，收获明天的喜悦。我们为什么还要计较于昨天的是是非非，幻想明天，只有牢牢把握今天，才能在今天的沃土中播下希望的种子。

有人曾说："昨天，是一张作废的支票；明天，是尚未兑现的期票；只有今天，才是现金，是有价值之物。"无论昨天是多么春风得意，都已成过眼云烟；明天虽有无限的憧憬，但毕竟是尚未实现的梦幻。因此，只有今天，才是真正实在的生活。当我们站在今天的轨道上回顾昨天，就会发现昨天的成功失败都暗淡无光了。今天的太阳淡薄了昨天的光彩，今天的轻拂抹去了昨天的泪痕。

人生漫长，谁也不知道以后的路会是什么样，明天是一个未知数，只有珍惜今天，享受今天，你的明天才能是成功的！

著名棒球手康尼·马克曾说："过去的我常常为输球而计较不已，现在我已经不干这种傻事。既然已经成为过去，何必沉浸在痛苦的深渊里呢？"在生活中，为昨天的失去，我们常常念念不忘，喋喋不休；为明天的美丽，我们又能常常意气风发，热血沸腾；于是就经常在昨天和明天之间埋怨和幻想，从而失去了最宝贵的今天。

明天的快乐是未来的，很难把握，更是不能用来享受的生活；昨天的日子就是再辉煌，也早已成了不能追溯的记忆。"昨天是神话与传说，明天是文学和艺术，唯独今天是金子。"是的，昨天失去固然可惜，而明天毕竟还距离我们遥远，只有投入今天，才能抚平昨天所有的遗憾和宣言，今天才是生命的航道。

一位刚参加工作的女孩早上去上班，却被老板毫无道理地给炒了鱿鱼。中午，她坐在公园的一条长椅上黯然神伤，感到自己的生活失去了颜色，变得暗淡无光。这时，她发现不远处一个小男孩站在她的身后咯咯地笑，她好奇地问小男孩："你笑什么呢？"

小男孩一脸得意地说："这条长椅的椅背是早晨刚刚漆过的，我想看看你站起来时后背是什么样子。"女孩一怔，猛地想到：昔日那些刻薄的同事不正和这小家伙一样躲在我的身后想窥探我的失败和落魄吗？我绝不能让他们的用心得逞，我绝不能丢掉我的志气和尊严！女孩想了想，指着前面对那个小男孩说，你看那里，那里有很

计较、嫉妒、记恨：人生的三大敌人

多人在放风筝呢。等小男孩发觉到自己受骗而恼怒地转过脸时，女孩已经把外套脱了拿在手里，身上穿的鹅黄的毛线衣让她看起来青春漂亮。小男孩甩甩手，嘟着嘴，失望地走了。

西方有句谚语说："不要为打翻的牛奶哭泣。"是的，被打翻的牛奶已成事实，不可能被重新装回瓶中，我们唯一能做的，就是找出教训，然后忘掉这些不愉快。

人生不如意十之八九，昨天属于过去，不管是如何辉煌或暗淡，它会随着时光的流逝而远去，留给我们的只有记忆，它不能影响你什么；昨天永远都是过去式，如果只羁绊于过去，又怎能洒脱地走向美好的明天呢？今天无论你怎么用力摇树，明天的树叶也不会在今天落下来。世上有许多事是不能提前的，活在当下，抓住今天，才是谋财致富中最实实在在的态度。今天无论你怎么为昨天打翻的牛奶哭泣，它也不会再次出现在你的面前。不为昨天的记忆所累，才能牢牢地把握今天。

人生不是一成不变的，既然昨天已属于过去，我们就应该告别昨天，向着今天、明天积极进取，让新的黎明抹去昨天的哀愁与喜悦，重筑一片湛蓝的天空。让新的太阳再次普照充满鸟语花香、诗情画意的前程，让新的行动重新谱写比昨天更灿烂、更辉煌的篇章。

我们应该平静地面对昨天的成功和失意，因为那终究将成为过去。明天是海天相接的弧线，可望而不可即，永远不会到来；只有今天才能掌握在我们的手中，踩在脚下，它才是真真正正、实实在在的，只有它才能显示人生的珍贵。

在时钟的每一声嘀嗒中，生命中的一秒已经从你身边溜走。这时每走一秒都是新的，都是新的起点，每一天的你都可以做全新的自己。跟昨天说声"再见"，珍惜今天的每一时刻，让每个今天过得都比昨天更充实、更有活力！

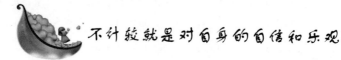

不计较就是对自身的自信和乐观

或许有人会这样问："不计较是什么？"其实，不计较就是你对自身能力的自信和乐观。翻开词典，你不难看到，不计较即是精神愉悦，对事物的发展充满信心。

不计较是一种人生的态度。对于同一条人生之路，斤斤计较者只是痛不欲生地走路，越走越困难。而看开一切、乐观地面对人生的人，却会在困境中欣赏路上的美景，忘却了痛苦，越走越轻松。

很多人总是计较发生在自己身上的事情，从而转化自己的情绪，而有人则超越了这种对外物的执著。所谓不以物喜，不以己悲，这是一种更高的智慧。拥有这样的智慧，我们的生活就充满阳光，处处都有成功的契机出现。

有两位青年到一家公司去应聘，经理把第一位应聘者叫到办公室，问道："你觉得你原来的公司怎么样？"求职者面色阴郁地答道："唉，那里糟透了。同事们尔虞我诈，钩心斗角，部门经理粗野蛮横，以势压人，整个公司暮气沉沉，生活在那里令人感到十分压抑，所以我想换个理想的地方。""我们这里恐怕不是你理想的乐土。"经理说，于是这个年轻人满面愁容地走了出去。

第二个求职者也被问到这个问题，他答道："我们那儿挺好，同事们待人热情，乐于互助，经理们平易近人，关心下属，整个公司气氛融洽，生活得十分愉快。如果不是想发挥我的特长，我真不想离开那儿。""你被录取了。"经理笑吟吟地说。

同样的事，不同的态度，不同的看待，不同的结果，为什么？"用心"不同。

由此可知，一味计较的悲观者，看到的总是灰暗的一面，即便到春天的花园里，他看到的也只是折断的残枝、墙角的垃圾；而不计较者看到的却是姹紫嫣红的鲜花、飞舞的蝴蝶，自然，他的眼里到处都是春天。正如卡耐基所说："人生是丰富而充满激情的舞台，每一种生活的尝试都是对自己人生的体验，保持乐观的人总能取得成功。"

在生活中，那些失败者并不是因为自己没有能力，而是他们的心态、观念出了问题。遇到困难，他们只是挑选容易的倒退之路，总是给自己找借口，一直对自己说"我不行了，我还是退缩吧。"结果坠入失败的深渊。成功者遇到困难，仍然保持着积极乐观的心态，用"我要！我能！""一定有办法"等积极地鼓励自己。于是便能想尽办法，不断前进，直至成功。爱迪生实验失败了几千次，从不退缩，最终成功地发明了照亮世界的电灯。

一位商界成功人士说："我从小到大都不是一个品学兼优的孩子，但我从不因此就放弃自己，凡是遇到困难、挫折，我就告诉自己，要乐观点，明天就会好的。"有些人碰到失败就认定自己的能力不足，认为自己注定一生都是一个失败者。这样的观念只会限制你本来未发挥的潜能，成为你成功的绊脚石。无论什么事情都应该尝试一下，无论如何先做做看，这样，成功的概率就会大得多。

在我们的现实生活中，每当我们遇到一件事情，如果我们乐观地去面对，这个事情就会向好的方面发展。一旦我们觉得悲观失望，一心只往坏处想，事情也会越变越糟糕，为什么会有这样的情况呢？因为乐观的心态带来了积极的行动，而悲观的心态只会导致消极的思想，使你陷入困境。所以如果还有朋友乐观的时候少，悲观的时候多的话，在这里可以读一句名人的幽默："乐观和悲观主义者对我们的社会都有贡献，前者发明了飞机，后者则发明了降落伞。"这一句幽默名言巧妙地告诉了我们，乐观是进取者的驱动器，悲观则是沉溺者的摄魂铃。只有保持乐观，你才可以走向成功，而计较将会让你走向失败。

事实上，我们每个人都面临两种选择，一种是斤斤计较地去追求痛苦；一种是积极乐观地去拥抱生活。成功者之所以能够成功，就是因为他们选择了后者。一个人调整了自己，就可以感染和激励别人了，所以当你遇到挫折和困境时，要用乐观的心态去寻找事情好的一面，这样一来，你将会走向成功的巅峰。

人活在这个世界上，不管是花草、阳光，还是自己周围的人或

11

事物，大家和平相处，共进退，这个世界还有什么不是美好的呢？用乐观的态度对待人生，就要微笑着对待生活，微笑是乐观击败悲观的最有力武器。无论生命走到哪个地步，都不要忘记用自己的微笑看待一切。微笑着，生命才能征服纷至沓来的厄运；微笑着，生命才能将不利于自己的局面一点点打开。当自己遇到困难挫折时，只要不钻牛角尖，再大的问题都是会被解决的，悲叹是没用的。

 ## 凡事往好处想，遇事才不会计较

凡事都向好处想，是人的一种积极进取的人生态度。在如今瞬息万变的社会形势下，每个人都面临着更多的挑战、更多的机遇。遇事往好处想，才能弱化挑战、放大机遇；以饱满的热情把握机遇，才能增加成功的机会。

遇事不要总是拼命往坏的一面想，自找烦恼，死钻牛角尖，不问自己得到了什么，只看自己失去了多少，结果情况越来越糟糕，心情越来越低落。其实任何事情都有坏的一面和好的一面，如果能从积极的方面看问题，那就会有一个截然不同的结果，做起事来也就会更加得心应手。

有这样一则民间故事：

有位秀才第二次进京赶考，住在一个以前住过的店里。考试前一天他接连做了两个梦：第一个梦是梦到自己在墙上种高粱；第二个梦是下雨天，他戴了斗笠还打伞。这两个梦似乎有些深意，秀才第二天就赶紧去找算命的解梦。算命的一听，连拍大腿说："你还是回家吧，你想想，高墙上种高粱不是白费劲吗？戴斗笠还打雨伞不是多此一举吗？"秀才一听，心灰意冷，回店收拾包袱准备回家。店老板非常奇怪，问："不是明天才考试吗，你怎么今天就回乡了？"秀才如此这般解说了一番，店老板乐了："我也会解梦的。我倒觉得，你这次一定要留下来。你想想，墙上种高粱不是高种（中）吗？戴斗笠打伞不是说明你这次是有备无患吗？"秀才一听，觉得店老板的话比算命的更有道理，于是精神振奋地参加考试，居然中了个榜眼。

角度不同，对问题的看法各有所异，有人积极，有人消极。消极思维者只看坏的一面，对事物总能找到消极的解释，最终他们也将得到消极的结果。而积极思维者却更愿意从好的方面考虑问题，并通过自己的努力，得到一个积极的结果。所有这一切正如叔本华所言："事物的本身并不影响人，人们是受到对事物看法的影响！"

佛教讲"无常"，凡事可以变好，也可以变坏。悲观的人永远都是想到自己只剩下百万元而担忧，乐观的人却永远为自己还剩下一万元而庆幸。面对金黄的晚霞映红半边天的情景，有人叹息："夕阳无限好，只是近黄昏。"也有人想到的却是："莫道桑榆晚，晚霞尚满天。"面对半杯饮料，有人遗憾地说："可惜只有半杯了。"有人庆幸地说："尚好，还有半杯可饮。"不同的人对同一件事有不同的心情，不同的心情必然有不同的结果。

我们每个人都有自己的生活，都有选择精彩人生的机会，关键在于你的态度。态度决定人生，这是唯一一件真正属于你的权利，没有人能够控制或夺去的东西就是你的态度。如果你能时时注意这件事实，你生命中的其他事情都会变得容易许多。

如果让计较的思想压着你，你就会像一个要长途跋涉的人背着沉重而无用的大包袱一样，使你看不到希望，也失掉许多唾手可得的机遇。而如果凡事往好处想，你就会觉得人生快乐无比。人生没有绝对的苦乐，只要凡事肯向好处想，自然能够转苦为乐、转难为易、转危为安。

 用不计较之心去面对得失

俗话说"万事有得必有失"，失去春天的葱绿，却能够得到丰硕的金秋；失去青春岁月，却能使我们走进成熟的人生……失去本是一种痛苦，却也是一种幸福，因为失去的同时也在获得。

13

任何事情都具有两面性，当你获得成功时，失去的是青春；事业有成时，失去的是健康；一些所谓的成功人士有许多女伴追随，失去的或许是忠贞不渝的爱情与夫妻间的相濡以沫；儿孙满堂时，即将失去的，是一生。

出来做事，假如凡事都计较，什么也舍不得的话，很有可能什么也得不到；你捡起一块石头之后，总也放不下的话，双手就不能用来干其他的事情了。

一个人的精力毕竟是有限的，假如你什么都想得到，分心太散，则很可能什么也得不到，什么事也做不成。有的人总幻想做遍世上的一切工作，那是很不现实的，人还是一辈子仅做几件事好，但是要把那几件事做得像个样子。

希尔·西尔弗斯坦在《失去的部件》中记述了这样一件故事：

一个圆环失去了一个部件，它旋转着去寻找。因为缺少了那个部件，它滚动得十分缓慢，这使得它有机会去欣赏沿途的鲜花，可以与阳光对话，与地上的小虫聊天，同蝴蝶吟唱……而这是它在完整无缺、快速滚动时无法注意、不能享受到的。但当它找到那部件后，因为滚得太快，它不能从容欣赏花，也没有机会聊天，因而失去了所有的朋友，一切都变得稍纵即逝……

在梦中的天姥山的石阶上，脚著谢公屐，看海日，闻天鸡，醒来便仰天长啸出门去，不肯摧眉折腰事权贵，李白选择了骑鹿游名山，失去了权势，却得到了开心颜。

在南山蜿蜒的小路上，东篱下，一个采菊的身影，挥罢衣袖，吟道："少无适俗韵，性本爱深山。"在误落尘网十年后，陶渊明选择了守拙归田园，失去了五斗米，却挺直了他的脊梁。

在惶恐滩头，在《过零丁洋》里，文天祥一身浩然正气，不被利禄所惑，不为强暴所服，失去了生命，却得到了千古赞颂。

不是一切失去都只意味着缺憾。

在国家生死存亡的关头，为了个人的恩怨，为了一己之私，秦桧谗言献媚，一纸"莫须有"，断送了祖国大好河山。是的，他得到了满足，却留下了千古骂名。

在列强任意践踏我们民族的危难中，为了荣登大宝，圆皇帝梦，袁世凯泯灭良知，断然签下了丧权辱国的"二十一条"。他虽然得到了帝国主义的支持，但最终却在绝望中死去。胡长清在国家蓬勃发展的时候，在人民需要体恤的时候，为了金钱，为了虚荣，他忘记了信仰，背叛了人民，伸出了贪污之手。是的，他得到了一时的荣华，却最终难逃法网。

在人生道路上，在花花世界里，你是否看清：不是一切失去都意味着缺憾，不是一切得到都意味着圆满。

不要因失去而后悔、伤心，或许失去意味着更好的得到，只要你选择的是纯洁而又美好的理想；不要为得到而沾沾自喜，或许得到代表着你失去了更多，假如你选择的是虚荣而又自私的目标。

天台国清寺的两位诗僧，在幽静的林子里，在月光下对话。一问：世人谤我、欺我、辱我、恶我，如何？一答：你只需由他、任他、忍他，你且看他。

是啊，无论失去或得到，只需用一颗不计较之心去面对，缺也会是圆。

得与舍的关系是很微妙的，一个人一生中可能只能得到有限的几样东西，甚至某件东西。而这些东西可能要用一生的时间来换取，因此在这个意义上人生是个悲剧。这个世界上有那么多东西，又有那么多美好的东西，可是那一切好像与你无关，它对于你只是作为一种诱惑出现，你只能眼睁睁看着别人将它拿走。

如果你因为一点事情就一直计较下去，这样会活得很累。可是你本来就一无所有，甚至这世界上本来就无你，从这点看，你已经获得了几样东西，最起码获得了生命和来世界走一遭的体验。上帝对你还是不错的，起码在这个美好纷繁的世界上旅游了这些年，所以你看，你是不是又得到了许多？

拥有了一颗不计较之心，也就参透了得与失，就不会得意忘形，也不会悲观失望，拥有一颗不计较之心，就可以安然做事了。

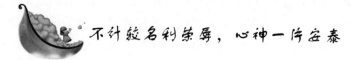
不计较名利荣辱，心神一片安泰

光荣和耻辱在人心中总是很重要。人们爱惜它就像爱惜生命一样。什么叫光荣和耻辱呢？得到时惊喜万分，失去时心灰意冷。这就是心理的大障碍。为何不刻意收藏起自己的欲望，用看别人的眼光看自己呢？这样一来还有什么可担心的呢？以此论治国，像爱惜自己身体一样爱护国家的人，可以将国家托付给他，不愿身先士卒的人，又有何道理将国家托付给他呢？

荣宠和耻辱的降临往往象征着个人身份地位的变化，所以，人们得宠之时也就是春风得意之时，他们当然唯恐一朝失去，就不免时时处于自我惊恐之中。

得宠的人怕失宠的心理是正常的。一般说来，一个飞黄腾达的人是较少受辱的。所以，一个人在受辱的时候也往往意味着他个人地位的降低。与得宠的荣耀相比，受辱当然是一件很难堪的事情，人们普遍认为是一件很丢脸的事，所以一旦失宠不免惊慌失措。另外，当一个人功成名就的时候，容易欣喜若狂，甚至得意忘形，这就为受辱埋下了祸根，因为他对成就太在意了。所以有些人就吸取了这方面的经验：淡泊名利。这成了保全自己的办法，更是一种修养。

唐朝某年间的一个清晨，在润州西北的芙蓉楼上，来了两位士人。他们一位是大名鼎鼎的诗人王昌龄，另一位则是他的朋友辛渐。

昨夜的漫江寒雨现在渐渐停了，寒雨增添了几分萧瑟的秋意。两位朋友在这个清冷的地方，面对着滚滚流去的长江水，互相交谈着。王昌龄说："辛兄，这次一别，不知何日再能见面啊。"原来，辛渐要从这里渡江北上，取道扬州到洛阳去，现在船已经停泊在岸边了。

辛渐说："昌龄兄情深意长，你从江宁送我到润州，昨晚在这里为我饯行，今天又来送我，叫我如何报答呢！这回我们谈得畅快，使我明白了这些年来你受到的委屈和折磨。希望你放开胸怀，好好保重自己！"

王昌龄曾因不拘小节，受到当时某些人的批评指责，甚至受到无中生有的诽谤。为此，几年前他就被贬官岭南，然后又被任为江宁丞，终是屈居下级官吏的行列中，对此王昌龄淡然处之。此刻，他感到惆怅的倒是辛渐走后，自己又少了一个知己。辛渐知道，王昌龄在洛阳有不少亲友，他们也一定听到了外界不利于王昌龄的非议。他便关心地问："昌龄兄，我去洛阳，你有什么话要我带给那边的亲友吗？"

王昌龄昂起头，目光炯炯地说："有！因为要给你饯行，我做了一首诗。"于是，他对着浩浩江水，朗声吟了题为《芙蓉楼送辛渐》的诗：

> 寒雨连江夜入吴，
> 平明送客楚山孤。
> 洛阳亲友如相问，
> 一片冰心在玉壶。

辛渐被感人的佳句打动了，连连赞道："好诗！好诗！'一片冰心在玉壶'，这表明你始终坚持自己清白自守的节操，多么高尚，令我钦佩！这句诗，足可告慰你在洛阳的亲友了。我也很高兴，因为你的大作对我无疑是一件难得的珍宝哩！"两位朋友再次珍重道别，辛渐登上了江边的船，扬帆而去。

一片冰心在玉壶，追求自身的高洁，用淡泊的心怀看待世事，这是高超的做人处世哲学。自己内心纯洁，就不怕别人的恶意诋毁和诽谤；抱着淡泊的胸怀，名利如浮云一般，人不得耳目，扰不了心志。只有这样，人生才踏实、充实。

天下熙熙，皆为利来；天下攘攘，皆为利往。人生看不破"名利"二字，就会受到终身的羁绊。名利就像是一副枷锁，束缚了人的本真，抑制了对于理想的追求。现代人生活在节奏越来越快的年代，成就感的诱惑始终存在，有太多的诱惑，太多的欲望，也有太多的痛苦，因此我们身心疲惫不堪。一个人要以清醒的心志和从容的步履走过岁月，在他的精神中就不能缺少气魄，一种视功名利禄

如浮云的气魄。

不拘于物，是古往今来许多人一生的追求。视功名利禄如浮云，不必为过去的得失而后悔，不必为现在的失意而烦恼，也不必为未来的不幸而忧愁。抛开名利的束缚和羁绊，做一个本色的自我，不为外物所拘，不以进退或喜或悲，待人接物豁然达观，不为俗世所滋扰。

烦恼和羁绊都是由于自己不能舍弃或是看得太重而引起的。人生于世，无论君子圣贤雅士也好，还是小人俗人凡人也好，谁也不可能无所谓地舍弃。俗人爱财，难道君子就不需要了吗？圣贤如果没了一日三餐，他也要去赚钱的。但不要执著，要懂得放下，这才是俗世的淡泊。

德国哲学家康德就非常厌恶"沽名钓誉"，他曾经幽默地说："伟人只有在远处才发光，即使是王子或国王，也会在自己的仆人面前大失颜面。"也许正是因为有了这样一份淡泊的心境，世界才又多了几丝温暖，几分快乐；也许正是少了几分对名利的追逐，世界才又多几分自在，几般快慰。

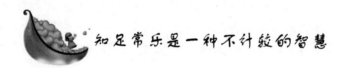

知足常乐是一种不计较的智慧

知足常乐的人，不会计较拥有多少财富，不会计较住房大小、薪水多少、职位高低，也不会计较成功或失败。他们不会计算已经失去的东西，只会计算现在还剩下的东西，这个十分简单的计算法，就是不计较的一种智慧。

尽管我们都知道"人比人，气死人"的道理，可在生活中，我们还是会将自己与周围环境中的各色人物进行比较，比得过的，便心满意足，比不过的便在那儿生闷气、发脾气。

在一个动画短片里，主人公以自述形式说道："小时候，我就对朋友说，我长大后只要有口饭吃，有个好丈夫就很满足了。但现在，我发觉即使要做到这样也真的好难！"

既然如此，我们为什么不能因为自己现在拥有的一切而让自己快乐起来呢？

是啊，你拥有的还不够多吗？你有一个健康的身体，你有一份稳定的工作，你有爱你的家人，你不用整天为生计担心，难道这还不算幸福？又何必整日愁眉苦脸、唉声叹气？

有一位村妇，她常年住的是漆黑的窑洞，顿顿吃的是玉米、土豆，家里最值钱的东西就是一个盛面的罐子。

在别人眼中，她是贫困的、可怜的，可她自己却整天无忧无虑，早上唱着山歌去干活，太阳落山又唱着山歌走回家。

别人问她整天乐什么。她说："我渴了有水喝，饿了有饭吃，夏天住在窑洞里不用电扇，冬天热乎乎的炕头胜过暖气，日子过得美极了！"

珍惜自己所拥有的一切，不为自己欠缺的东西而苦恼，就能感受到幸福。其实，我们绝大多数人所拥有的，远远超过了故事中的村妇，可惜总被自己所忽略。你的收入虽然不高，但粗茶淡饭管饱管够，绝无那些富贵病的侵扰；你的配偶或许并不出众，但他能与你相亲相爱，白头偕老；你的孩子虽然没有考上大学，但他却懂得孝敬父母，知道自力更生……人生，该欣慰的东西还有很多很多。

一位六十多岁的女富人，由于投资失误而倾家荡产，还欠下了一大笔债务。于是她卖掉房子、汽车，以还清债务。

无儿无女的她穷困潦倒，唯有一只心爱的猎狗和一本书与她相依相随。一天，她来到一个荒僻的村庄，找到一个避风的茅棚，于是她便在里面歇息了一晚。但第二天醒来，她忽然发现心爱的猎狗竟然被人杀死在门外。

唯一与自己相依为命的猎狗都没了，她对人生感到彻底绝望，觉得世间再没有什么值得留恋的了，于是想到了结束自己的生命。她最后扫视了一眼周围的一切。这时她才发现，整个村庄一片死寂。尸体，到处是尸体，眼前这一切太可怕了，她不由得疾步向前，到处都是一片狼藉。显然，这个村昨夜遭到了匪徒的洗劫，整个村庄一个活口也没留下来。

此时，一轮红日冉冉升起，明媚的阳光照到了老人的脸上。老

第一章 摒弃计较：不计较才能心态平和

19

人这才意识到：我是这里唯一的幸存者，我没有理由不珍惜自己，我一定要坚强地活下去。虽然我失去了心爱的猎狗，但是，我得到了生命，这才是人生最宝贵的。

激荡狂欢是一种快乐，远离喧嚣、感受宁静也是一种快乐；有妻儿相伴是一种快乐，在父母身边膝下承欢也是一种快乐；拥有财富是一种快乐，两袖清风终老一生也是一种快乐。

所有的快乐和不快乐，都源于人们内心的想法，所有的快乐都等待着你去感知。其实快乐一直都在你心中，只是它无法开口说话，只要人人都懂得知足常乐，那么快乐也就可以常伴人们左右了。

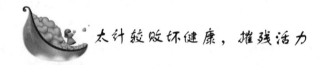

太计较败坏健康，摧残活力

当你在生活上或工作中遇到让自己计较的事情，不妨把它丢在一边，因为一个把大量的精力耗费在无谓的计较上的人，不能像平常人一样尽可能地发挥他固有的能力。计较能败坏人的健康，摧残人的活力，损害人的创造能力，因而可以使许多本该大有作为的人平庸而终。

计较，几乎每一个人都难以避免。倘若没有一点乐观豁达的态度，生活中令你计较的事俯拾皆是。不过，冷静下来仔细想想，计较大都为他人他事造成，错误并不在自身。令自己计较的人已经走得老远了，自己还和他计较，何必呢？

人之来往，总免不了磕磕碰碰，遇不快而计较，这会破坏兴致，还会挫伤友谊和暴露缺陷，带来不良的后果。更重要的是，这是拿别人的错误惩罚自己，同时又达不到纠正别人错误的目的。这种计较，别人感受不到不满，你也不会由此愉快。

与其让别人的错误来惩罚自己，还不如让自己高尚的言行来反衬别人错误的低下，让自己美好的德行来显示别人礼仪的缺陷。

你可曾听说，人能够从计较中得到丝毫的好处吗？它可曾有过一次帮助别人改善生活吗？这个恶魔随时随地都在损害我们的健康，使人们失去活力，降低人们的效率。使人们的生活陷入不幸中。

有时候一个人感到心烦意乱时，会觉得周围的一切都与自己的想法或做法相反，更奇怪的是有时还会自己和自己较劲，看什么都不顺眼。可往往就是自己的一时较劲，害了自己的一生。

我们做什么事情都不能意气用事，更不能计较，应该知道计较是解决不了问题的，只会害了自己。一个人计较，别人都在笑，何苦呀！人活在世上不容易，遇到着急上火的事情，为什么不动动脑子，先把计较放在一边，好好想个办法，把不利转化成有利，也许一时冲动会坏了一件好事，只要静下心来好好考虑，就会把坏事变成好事！

时间不等人，日出东海落西山；愁也一天，喜也一天；忙也乐观，闲也乐观；心宽体健养天年，不是神仙，胜似神仙。

某街道中心有一妇女正站在一居民楼上，想跳楼自杀。当地的民警立即赶到现场，经过半个多小时苦口婆心的劝说，这位妇女终于放弃了跳楼的念头，民警将她安全解救下来。

在询问过程中，民警了解到，这位妇女在农贸市场卖菜。一周前，她和临近的一位卖菜的中年男子发生口角，事情的起因是中年男子卖菜的价格比她的稍微低了点。原来，这位妇女的菜摊和中年男子的挨着，前几天中年男子把自己的菜价调得比她的低，结果生意就比她的好了点。这位妇女看不过去就和中年男子理论，说着说着两人就吵了起来，吵了半天也没吵出个结果来。回到家后，这位妇女越想越气，就把这件事和丈夫说了。第二天她的丈夫就和她一起来到市场，找中年男子"算账"，丈夫把中年男子揍了一顿，为妻子出了气。

中年男子的家人报了警，由于中年男子受了点轻微伤，经民警调解，这位妇女和她的丈夫赔偿中年男子医药费等共 1000 元钱，但是这位妇女觉得这钱赔得冤枉，计较一时非常愚蠢，就想跳楼一死了之。

事后，这位妇女对民警说："我也是一时太较真了，为这点儿小事就要跳楼，要是真跳下去我不仅是害了自己，也害了我的家人。"

21

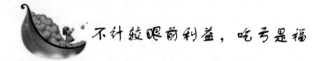

不计较眼前利益，吃亏是福

很多人怕吃亏，觉得吃亏了就表示自己笨，其实不然，人在很多时候，都是先吃亏后得福。如果一味计较得失，一味计较眼前利益，势必会失去更多。

"吃亏是福"，是清代著名书画家郑板桥继"难得糊涂"后的又一字幅。其中之意也不难理解：做人要能吃得了亏；过于计较个人得失，反而会舍本逐末，丢掉应有的幸福。

吃亏不仅是一种坦荡的做人方式，更是一方睿智的境界。能够吃亏的人，往往内心是简单而淡然的。他们不沉陷于是非纷争中斤斤计较，不局限在狭隘的自我思维中。这体现的不仅是一种风度和品质，更是一种大智慧的超越。

被誉为"扬州八怪"之一的郑板桥，善于"养生"，即不以物喜，不以己悲。他的诗、书、画艺术精湛，号称"三绝"。由于他在创作过程中能把诗、书、画三者巧妙结合，独创一格，从而达到了一种全新的艺术境界。这也成就了他豁达而开朗的性格特征。

但这一切，都是在他官场"吃亏"后的"福气"。年轻做官时，他爱护百姓，因为在灾荒之年为灾民请求赈济而触犯了上司，最后被罢官回乡。但是郑板桥并没有忧郁沮丧，也不为官场失意而郁闷不乐，而是骑着毛驴悠然回到故乡。从此专注于诗、书、画，安然幸福地过着晚年的生活。

郑板桥可谓是一生坎坷，但他始终以乐观的姿态去面对生活。他写过两条著名的字幅，就是流传至今的"难得糊涂"和"吃亏是福"，这两条字幅含有深刻的哲理。凭借这种达观大度的心态和大智若愚的智慧，郑板桥不但长寿，而且留下了万世美名。

"吃亏"与"不公平"经常会出现在我们的生活里。朋友之间有时会"吃亏"，同事之间有时会"不公平"。如果以一种达观的姿态去看待所谓的"吃亏"和"不公平"，那么就会保持一种良好的

计较、嫉妒、记恨：人生的三大敌人

心态，这也是创造未来的一个重要保证。

　　美国前总统克林顿面对个人名誉的得失时，曾说过这样的话："如果我每读一遍对我的指责，就做出相应的辩解，那我还不如辞职算了。如果事实证明我是正确的，那些反对意见就会不攻自破；如果事实证明我是错的，那么即使有十位天使说我是正确的也无济于事。"

　　吃亏，顾名思义，就是利益的损失。在生活和工作中，收获与付出相伴而行，却不可能次次相等。有得也有失，既不会有全得，也不会全失，而是得中有失，失中有得。吃亏则是收获与付出之间的平衡，得与失中的理性。如何真正领会其中的含义，仁者见仁，智者见智，需要我们在生活中品味，在工作中体会。一个主动承担了 600 元损失的生意人，没想到就竟然获得了 6 万多元的销售额。他的公司主要经营家用、公用清洗设备，由于质量上乘、服务口碑一流，在业内创下了不小的名气。

　　一次，销售人员联系到了一笔业务：某市一家三星级的酒店，要购买一套地毯清洗设备，价值 6000 多元。各项手续办好后，他立即把设备寄往了该市。原本一桩不错的买卖就此成功。

　　但没想到的是，意外节生。酒店收到设备后，称设备在运输途中损坏了，要求退货。他派人查看后得知，设备是在酒店组装时，由于操作不当而损坏的，维修费用约需 600 多元，酒店不愿承担才要求退货。

　　按照常理而言，公司并没有任何责任，他完全可以置之不理。但他认为"吃点小亏"无所谓，维修费由他来承担。于是，他派人把设备修好，酒店异常满意。

　　一个多月后，该酒店要更新其他清洗设备，首先想到的就是甘愿"吃亏"的他，一次性就定了 6 万多元的货。

　　吃亏并非了无追求、碌碌无为，而是一种理性面对得失和追求的坦然，是面对索取和作为的豁然，是旁观于他人追名逐利而仍能保持宁静和明智的超然。若能在得失面前炼就一份淡泊的情怀和平释的心态，那么就会有一份清醒和思考，而由此达成的气质与境界，才是大智慧。

23

形形色色的人生，各有各的做人方式，不想或不愿吃亏亦无可厚非。然而，吃亏不仅是一种品德和境界，更是一种关于心境的角度和高度。愿意吃亏、不怕吃苦的人，总是把别人往好处想，也愿意为他人多做一些，在其看似迂腐、软弱的背后，是一个宏大、宽容而纯净的世界。在此便有着久远的快乐和幸福。吃亏的人，一般都会得到旁观者的同情，不但赢得了好人缘，还会在道义上得到更多人的支持，从而为自己构建了坚实的人脉。在物质利益上不是锱铢必较而是宽宏大量，在名誉地位前不是先声夺人而是先人后己，在人际关系中不是唯我独尊而是尊重他人；如此，以吃亏为荣为乐，势必也会赢得人们的尊重和赏识。

正所谓"若欲取之，必先予之"，不计较一时长短，不在乎个人得失，怀着简单而纯明的心，吃亏而后得福。过分斤斤计较，在貌似得到眼前小利的同时，繁杂了思想，负累了心灵，也许更重要的是，失去了长远的福报。如此而言，大简者必成大智，大亏者必获大福。那么做人就不妨抛开是非的争辩，给自己一个海阔天空。

 "糊涂"的聪明人从不计较

大智若愚是聪明的最高境界，偶尔糊涂一下，不仅是胸怀宽广，更是一种不计较的境界。"糊涂"不是人人都能熟练运用的境界，能熟练运用"糊涂"的境界必是饱经风霜之人，必是从不计较之人。

郑板桥的一句"难得糊涂"，引起了古今多少人的浮想联翩，又受益了多少世事人生。正如"鹰立如睡，虎行似病"的古语所言，真正大智者往往选择用"装糊涂"替代"装聪明"。纷繁变幻中，透彻于世事人性，以四两之轻弱拨动千斤之沉重。

人们常说幸福是需要一种钝感力。嘈杂扰攘中，有太多的隔膜和争吵；难得糊涂，便是淡然视之，放松心头的重负，从简从初，转而收集人生更多快乐有益之事。只要我们能在不同的境遇下，都抱着一种难得糊涂的心态，简化繁乱、淡化得失，那么自然就会心安神定、波澜不惊。

我们大都知道郑板桥"难得糊涂"四字，却很少了解到它的出处缘由。

有一年，郑板桥专程来到山东莱州的云峰山观仰郑文公碑。因天色已晚而不得不借宿于山间的一处茅屋。

进屋后，眼前一位儒雅老翁，自然是小屋的主人，热情地招待了郑板桥。老人出语不凡，自命"糊涂老人"。

交谈中，老人请郑板桥欣赏陈列在屋中的一方砚台，如方桌般大小，石质细腻、镂刻精良，让郑板桥大开眼界。

后老人又请郑板桥题字，以便刻于砚台背面。郑板桥则自觉老人必有来历，便题写了"难得糊涂"四个字，用了"康熙秀才雍正举人乾隆进士"方印。

因砚台颇大，尚有余地，郑板桥则请老先生也写一段跋语。俯仰间，一段小楷便赫然而现："得美石难，得顽石尤难，由美石而转入顽石更难。美于中，顽于外，藏野人之庐，不入富贵之门也。"随后也用了一块方印，印上的字却是"院试第一，乡试第二，殿试第三"。

郑板桥大惊，细谈之下才知道老人原来是一位隐退的官员。又有感于糊涂老人的命名，见还有空隙，便也补写了一段："聪明难，糊涂尤难，由聪明而转入糊涂更难。放一著，退一步，当下安心，非图后来报也。"这就是"难得糊涂"的由来。

人生在世，又岂有时时顺心、事事如意？如此，做人就不应处处斤斤计较，精明计算；该糊涂的时候就不要顾及自己的面子、学识、权势，而一定要糊涂。放下复杂的构思，拾起简单的方式，才可不为烦恼所扰，不为人事所累。

与人交往时，糊涂有时是润滑剂，在自信与亲和的衬托下便拉近了彼此的距离。与事相处时，糊涂有时是助推器，在置身事外的分析中便解决了久困不殆的问题。这是一种大彻大悟的理解，体现了一种智慧大简的境界。而过分较真、过于追求完美，有时反而适得其反。

一位得道高僧自感年老体衰，决定从自己门下的两个得意弟子

25

中选出一个衣钵传人。而高僧对两个徒弟的考核也很简单：各自出门去捡一片最完美的树叶，谁找到了谁就可以继承遗志。

两个徒弟听到师父的题目后，没有多想就领命而去，各自奔走。

没过多久，大徒弟拿着一片非常普通的树叶回来了。这片叶子看上去没有任何特别之处，更谈不上所谓的完美。

而后，又过了很长时间，小徒弟才回来。他两手空空，非常沮丧地对师傅说："我看到外面有许多的叶子，但是按照您的要求，我看到这片叶子不如那片叶子好看，那片叶子又不如下一个完美；挑来挑去，我怎么也找不出一片最完美的树叶。"

高僧拿着大徒弟带回来的叶子，颇有深意地对他说："这片树叶虽然并不完美，但是它已经是我看到最完美的树叶，因为我已经从你的身上看到了我所需要的东西"。

结果不言自明，大徒弟得到了继承了高僧的真传。

对此，两个弟子的师父进一步向他们解释说："其实，世界上本来就没有绝对的完美。如果事物都完美了，又哪里还有喜怒哀乐，又哪里会有生态万千？我们每天的修行也就没有意义了。修行的目的就是为了去除心中的杂念，让自己的心境尽量达到完美。"

大徒弟的过人之处就在于他的大彻大悟让他明白这个世界上本来就没有完美的树叶，该糊涂时就要糊涂，不能一味地较真。

其实，人生亦如此，没有所谓的绝对完美；而我们立世做人，也不可能时时拔高显精。对于那些不可能达到的程度，我们完全可以糊涂一下，退而求其次。只要心中不再自我纠缠，那么我们的人生就会变得相对"完美"，那些人生中不可避免的瑕疵，也会在糊涂的感觉中变得不再那么难以忍受。

难得糊涂是一种经历，只有饱经风霜的人才能深得真谛；难得糊涂是一种境界，只有心中目标恒久的人，才会对细枝末节不屑一顾，才会着眼大方向、统领大局面；难得糊涂是一种资格，名利淡泊、宁静致远的人，他们内涵丰富、底蕴深厚，以平常、平静之心对待人生，泰然安详；难得糊涂也是一种智慧，在纷繁变幻的世道中，能看透事物，看破人性，知风云变幻、处轻重缓急；难得糊涂更是一种做人的方式，只有胸襟坦荡、超凡脱俗之人才能拥有如此包容万象的气度。

看破红尘便是仙，无为中道是有为。此时的糊涂并非懦弱，而是不屑于周围的蝇营狗苟、纷繁复杂，转换成另一份虚怀若谷的心境，保持好另一种淡泊空灵的风格。

默默奉献而不计较回报

一位已故艺术大师曾经对自己的子女说："别人对你的好，你要永远记住；你对人家的好，要立即忘掉。"默默奉献而不图回报，甘于付出而不计较名利得失，像水一样涵养大地而无所求。

既然要付出，就要心怀一颗单纯而无私的心，不图回报。当我们不声张地做着内心认为应该做的事情时，心情就坦然了，事情也就简单了。如此，我们不仅会感觉到奉献的乐趣，也会让很多复杂的过程不再劳累自己的身心。

好人都有一颗单纯善良的心，他们帮助别人的同时，也给自己带来了快乐。而还有一种好人，如天使一般，做过的事不留痕迹，默默地为他人付出。一种来自内心深层最深厚、最崇高的自我认可，让他们感到安宁而祥和。这与虚荣无关，更与回报无涉。做一个默默的好人，让付出的美妙感受更加持久。繁华的巴黎街边，一个衣衫褴褛、双目失明的老人像一尊铜像一样站立在那里。他并不像其他乞丐那样伸手向过路行人乞讨，而是在身旁立了一块木牌，上面写着仅仅七个字："我什么也看不见。"

巴黎大道上的行人熙熙攘攘，川流不息。很多路过这个牌子的人停住了脚步，看了看，叹了口气，摇了摇头——虽然这不会让他们付出太多，但几乎所有的人都对自己能够识破这个"骗局"的自作聪明而感到暗自庆幸。一天下来，老人依然两手空空。

这天中午，一位诗人经过这里。他看看木牌上的字，思索了一会儿，掏出笔悄悄地在那行字的前面添了几笔，就匆匆地离开了。

当天晚上，老人的妻子照例来帮他收拾东西回家，当她看到老

第一章　摒弃计较：不计较才能心态平和

人今天竟然比平时的收入多出了好几倍时，忍不住问他这是怎么回事。

盲老人笑着回答说："亲爱的，我也不知为什么，下午给我钱的人多极了。"

"是吗？那到底发生了什么呢？"妻子不禁自言自语地嘟囔着。

"一下午，我听到他们都这样念道'春天来了，可是我什么也看不见！'，然后就往我的盆子里扔钱。"老人依然乐呵呵地说。

"春天来了，可是我什么也看不见"，仅仅四个字，就把春天活泼而充满生机的美好以诗一般的语言带了出来，让人们怀着浓厚的感情想象着那蓝天白云、绿树红花、莺歌燕舞，这一切美丽的景色是多么让人沉迷。可是，对于一个双目失明的老人来说，他的世界里只有一片漆黑。当人们一想到自己能饱览这人间春色，而这个可怜的盲老人，一生中竟连万紫千红的春天都不曾看到时，同情之心自然就油然而生了。

这位诗人的伟大之处在于，他赋予了语言以巨大的魅力；同时，对于需要帮助的人，他默默地付出了自己的爱心。

生活中，好人好事也并不少见。但有些人只要做了件好事，就一定要千方百计地在别处提起，以求得他人的认可。或者，在为他人行方便的时候，总会有意无意地提醒对方自己的付出，以使得别人记住自己的好，期盼着下一次对方的肯定与回报。

但问题就出在，不是所有的回报都能及时地得到别人的回馈：有的可能一时忘记了，有的可能暂时没有时间。可我们便可能因为没有立即得到任何回报而产生极大的心理不平衡。实际上，这是由于我们潜意识里深藏的互惠主义干扰了内心的平静，让我们觉得自己有权力去索取，就因为曾经帮助过他人。

一个真正拥有智慧、内心充满平和宁静的人，每当为别人带来方便的时候，心里往往只想到"要去做"和"怎么做"，之后便更能感受到灵魂中的快乐。

一对七旬老人，每天凌晨三点半起床，义务打扫社区小花园的卫生，不管是从前的石凳还是如今的木椅，每天都是干干净净，被小区居民称为"魔凳"。而从六楼到一楼的垃圾，老两口一路走下来就一路给带了下来。而这些，两位老人一做就做了 18 年。

面对在河边玩耍时不慎坠河的女童，一位中年"的哥"奋勇跳河，救出落水女童而身负轻伤后又默默离开。目睹救人全过程的当地居民记下了车号致电市文明办，"的哥"所在的公司才得知此事——而无论是领导还是同事都说，他们已经不知道是第多少次接到对这位"的哥"无名助人的表扬了。

年近八旬的党员施大妈，退休后，每年都会从某些学校的高中部选择一部分学生作为帮扶或指导对象。从解题技巧到报考分析，从学生的心理辅导到家长的答疑解惑，她每一项都不落下，为的就是能让再多一名学生考入理想的大学。

从 2000 年开始，无论刮风下雨，总有一位白发老人会在新学期开学前，拄着拐杖亲自将捐款送到团市委。他不留电话、地址，也从不指定捐助学生，不让学生回信。

他们都是我们身边的好人，默默地在做着他们心里认为能给他人带来帮助的好事。放下功利心，就少了很多企图和牵挂，做好事就简单了许多，做好人就轻松了许多。

第二章　摒弃嫉妒：每个人都会有的心魔

　　嫉妒是痛苦的制造者，在各种心理问题中是对人伤害最严重的，可以称得上是心灵上的恶性肿瘤。

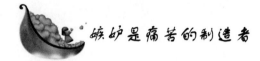

嫉妒是痛苦的制造者

嫉妒是痛苦的制造者，在各种心理问题中是对人伤害最严重的，可以称得上是心灵上的恶性肿瘤。如果一个人缺乏正确的竞争心理，只关心别人的成绩，同时内心产生严重的怨恨，嫉妒他人，时间一久，心中的压抑聚集，就会形成问题心理，对健康也会造成极大的伤害。

嫉妒作为人类的弱点，几乎人人都有，只是多与少的不同。这是人性中残存的动物性的一面。据研究者说，许多动物都有嫉妒的本性，比如一只狼会把比它多抢了猎物的同类咬死。一个杂技团驯兽员曾说，一只叫"丽娘"的小狗看到驯兽员接触一只叫"艾玛"的小狗较多时，它竟然嫉妒地把"艾玛"咬死了。尽管我们早已进化成人，但这个"动物性"却似乎与生俱来。当我们还是孩子时，就会因为父母表现出的对其他兄弟姐妹的偏心而心生不快，我们会因他们比自己多吃了一口蛋糕或新穿了一件衣服而生气甚至哭闹。虽然嫉妒是人普遍存在的也可以说是天生的缺点，但我们绝不可因此而忽视它的危害性，特别是当嫉妒已经发展到很严重的地步时，我们内心产生的怨恨会越积越多，时间久了会形成心理问题，会对健康造成极大的伤害。

1. 对心理健康的危害

泛化了的嫉妒是一种病态，表现为人格的偏离。这种病态的人格表现为极度的感觉过敏，思想、行动固执死板，以及坚持毫无根据的怀疑。有病态嫉妒心理的人对别人特别嫉妒，又非常羡慕；对自己过分关心，又无端夸张自己的重要性；把自己的错误或不慎产生的后果归咎于他人，不停地责备和加罪于他人，却原谅自己；总是过多过高地要求他人，但从来不信任别人的动机和意愿，总认为别人心存不良，甚至认为别人对自己要阴谋。

很显然，这种人格是偏离常态的。在精神病学临床表现上，病

计较、嫉妒、记恨：人生的三大敌人

人的人格不仅决定了他患病后的行为，而且为其某种精神疾病的发生准备了基础。具有病态的嫉妒的人格偏离往往会使人出现妄想症状，最后发展为偏执型精神病或精神分裂症。

2. 对个人发展的危害

嫉妒对个人发展的危害是很明显的。由于人格偏离，这种人常常不信任别人，好嫉妒，好归罪于他人。这必然会影响个体的人际关系和社会职能。从他人的角度看，如果一个人对他不信任，将失败全归罪于他，对他存有嫉妒心，他怎么能与这个人友好相处及合作呢？从个体自己的角度看，不信任别人、嫉妒他人，则不能与团队愉快合作。

因为嫉妒，造成了很多无法挽回的惨剧。有这样一个真实的故事：

对信阳山 3581 高级中学三年级 1 班 409 寝室的女生而言，2003 年 1 月 21 日那个凌晨，无疑是一场噩梦。

凌晨 2 时许，正在香甜的梦中熟睡的 8 名女生，突然被一声撕心裂肺的惨叫声惊醒。惨叫声是从门边下铺的张静那里发出的。张静不住地喊痛，她原本漂亮的脸变成一片黑色，而且正在发泡，越来越恐怖。大家惊呆了：有人故意用硫酸作恶毁容！

医院里，大家痛心地看到，张静那张被硫酸烧灼的面孔令人惨不忍睹。和张静同床的晶晶，左手也被硫酸烧伤，幸运的是，她的伤只是轻微伤。

此案发生后，女生宿舍一片惶恐，因为遭硫酸袭击的床位，其实是晶晶的床位。校方赶紧向公安机关报案。河区公安分局成立专案组进驻；3581 高级中学。3 天后，一个女生提供了一条线索。

办案人员立即讯问与晶晶同班的女生马娟。马娟坦白说：2003 年 1 月 20 日中午，她花了 8 元钱，购买了一大瓶硫酸拿回学校。她要找机会将硫酸泼到晶晶耳朵上，让晶晶尝一尝她的厉害。

当晚，马娟早早睡下。凌晨 2 时许，她端起装有硫酸的白瓷杯，径直走到 409 室。409 室的门凑巧没锁，她轻轻一推，门开了。当马娟走到晶晶的面前时，该寝室里一位女生正好说起梦话。马娟吓了一跳，以为有人看见她了。知道晶晶和张静同睡一床的她心慌意乱，将硫酸往床上一个人的脸上一泼，转身就逃。身后，传来张静痛苦的惨叫，她一听，就知道泼错人了。

马娟说："因为晶晶比较聪明，比我学习好，1月20日又要考试了，我的压力比较大，决定想办法耽误一下晶晶的学习时间，以免和她的学习成绩相差太远。考虑再三，我选定了泼硫酸这个办法。"

信阳市中级人民法院审理后认为：被告人马娟因嫉妒他人，采用泼硫酸的手段，致一人重伤且造成严重残疾，一人轻微伤。犯罪手段极其残忍，后果特别严重，其行为已构成故意伤害罪。

2003年10月14日，泼硫酸的马娟被法院判处死刑，剥夺政治权利终身。

是什么让马娟铤而走险，用众人皆知的腐蚀性很强的硫酸毁掉了同学如花的脸庞？是嫉妒！如此看来，嫉妒比毒瘤还要可怕。

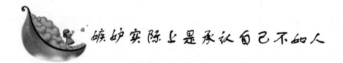

嫉妒实际上是承认自己不如人

从本质上说，嫉妒是看到与自己有相同目标和志向的人取得成就而产生的一种非正当的不适感。它是由于羡慕一种较高水平的生活，或者是想得到一种较高的地位，或者是想获得一种较贵重的东西，但自己又未能得到，而身边的人或站在同等位置的人先得到了而产生的一种缺陷心理。

嫉妒别人实际上是承认自己不如人。嫉妒表示你对自己不满而羡慕别人，你希望像别人一样有知识，或是更漂亮，或是和别人一样有套大房子、有显赫的权势、有比现在更高的地位，你希望比现在更有成就……由于你希望成为一个和现在不一样的人，比现在更好的人，所以你羡慕别人、嫉妒别人。

刚刚步入中年的英子每每看见办公室的女秘书小江和单位领导在一起，心中就有一种酸酸的感觉。办公室里的姐妹们也议论，小江现在神气了，跟主任跟得太紧，把我们姐妹们都忘了。她听着同事们的议论，回忆起最近的一件事，感到的确有些可疑。

前几天，单位出了一点小差错，大家都在加班，干得都很辛苦，可是主任在总结会上，谁也没有表扬，唯独表扬了小江，说小江心细，工作责任心强，为单位挽回了重大损失。同事们心里很不服气，都觉得主任有些偏心眼。她也气愤不过，回家后心情不能平静。

于是，她连夜编造了一封关于主任和小江的"桃色"故事信，第二天邮寄出去了。

过了几天，上级来人把主任叫到会议室谈话。两个小时后，主任走出会议室，满头大汗，眉头紧锁，表情严肃，唉声叹气。英子明白了谈话的原因，躲到卫生间，开心地大笑起来。接着，英子又看到上级单位的人把小江也叫到会议室谈话。一个小时后，英子看到小江出来，好像心事重重的样子，脚步也显得很沉重，内心一阵狂喜。

嫉妒往往来源于和他人的比较，一旦认为他人在某方面比自己强，便会时刻想着如何打击、诋毁他人，这样的人不可能专注于自己的事业，而会把所有的精力都放在关注他人的一举一动上。那个被他所嫉妒的对象就像一个长在他心头的刺，这个刺成了他生活的中心，他因此而无法掌控自己的人生方向。

嫉妒往往有强烈的排他性，嫉妒心理出现以后，很快就会导致嫉妒行为的产生，例如中伤别人、怨恨别人。而更强烈的嫉妒心理还有报复性，它会使人把嫉妒对象作为发泄的目标，使其蒙受巨大的精神或肉体的损伤。嫉妒心理出现以后，如果不能直接通过某种嫉妒行为达到目的时，就可能会转而等着看嫉妒对象的"好事"，稍有一点挫折或失败出现在嫉妒对象身上时，他们便幸灾乐祸，鼓倒掌、喝倒彩，以此挖苦对方，满足日益膨胀的嫉妒心理需要。如果嫉妒对象遭受到比较大的挫折，他们更是乐不可支，绝不给予半点同情和安慰。实际上，嫉妒心理及相应的嫉妒行为除了暂时地平衡他们的心理之外，毫无可取之处。一方面，身受其害的嫉妒对象会远离这个"作恶多端"的嫉妒者，旁观者也会对嫉妒者的小人行径不满，嫉妒者以前建立的一些人际关系也可能由此变得紧张起来。另一方面，嫉妒者并不是一个胜利者，他们自己也承受着巨大的心

35

理痛苦，在以后的交往活动中也会裹足不前，不敢与那些条件比自己优越的人交往。

法国作家拉罗什富科曾说："具有某些伟大品质的人最可靠的标志是生来就没有嫉妒。"每一个专注于自己事业的人，是没有工夫去嫉妒别人的，而好嫉妒的人常常不能把精力集中到自己的生活中，而是投入到一些与自己的生活与工作无关紧要的小事中：比如这个人的生活作风啦，比如那个人的学识啦，比如这个人的穿衣戴帽啦，比如那个人的麻烦啦，甚至某个人脸上的几颗雀斑、头上的一根白发，一旦被这些人发现了，他们也会为此而兴奋不已，并且会故作大惊小怪地议论纷纷：哈哈，原来他也不过如此呀！嫉妒的人总是在不断地对别人的打击中寻找乐趣，以求内心平衡，而他们自己的生活却因此而搞得一团糟。正如古希腊哲学家德谟克利特所说："嫉妒的人常自寻烦恼，这是他自己的敌人。"与其说是别人的成功妨碍了他，倒不如说是他自己的关注点发生了偏离，自愿从生活正常的轨道上滑落而自毁前程。

既然已知自己的弱处，既然看到自己与别人的差距，自强的人就该知耻而后勇，更应注意点滴的积累，而不是看着别人的优势眼红。"箭欲长而不在于折他人之箭"，"天外有天，人上有人"，茫茫人海总有人会有一面长于自己。自己比别人差，却不甘心，想要比别人强，正确的做法不是去毁灭、扼杀别人，而应该是提高自身的价值与素养。"别人能做到，我为什么不能做到？"只有具备这样的想法，才能迎头赶上，进而后来居上。

对待别人长处、优势的正确方法是，不让别人发觉自己在羡慕他，进而暗暗下定决心，迎头赶上，甚至超越对方。

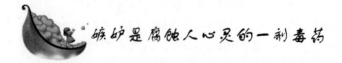

嫉妒是腐蚀人心灵的一剂毒药

36

大千世界、纷繁复杂，由于天分和境遇的不同，人难免分出个三六九等，或飞黄腾达、意气风发，或穷困潦倒、默默无闻。但芸芸众生中，总有那么一些人虽技不如人，对别人的成绩却嗤之以鼻，"妒人之能，幸人之失"，从而上演了一场场丑陋的嫉妒闹剧。在现实生活中，这种闹剧依然"长盛不衰"，为了别人评上比自己高的职称而指桑骂槐，为了某人得到领导的厚爱而愤愤不平，为了别人的生活条件比自己好而郁郁寡欢，给本已不大平静的生活平添了许多烦恼和纷扰。

嫉妒是腐蚀人心灵的一剂毒药。有嫉妒之心者，往往自高自大，看不起别人，置别人的成绩于不顾，贬他人的才干如草芥。而当别人取得一些成绩时，他的心理便会失去平衡，总会千方百计地对那些优于自己的人制造出种种麻烦和障碍：或打小报告，无中生有，唯恐天下不乱；或做扩音器，把一件小小的事情闹得满城风雨。"既生瑜，何生亮"的悲叹却依然盘桓在嫉妒者的心里。

弗朗里斯·培根说过："犹如毁掉麦子的莠草一样，嫉妒这恶魔总是暗地里悄悄地毁掉人间美好的东西！"

嫉妒进入人的内心，就变成一个煽阴风、点鬼火的小鬼，让你如周郎一般，虽"少年得志"却"一命呜呼"，引你走进狭隘的深谷。

嫉妒是扼杀圣贤的刽子手，它会使人变得不择手段，以达到不可告人的目的，这是人类最丑恶的一面。

嫉妒之心其实人人都有，但我们不能由此跌入嫉妒的深渊，那样，我们会显得异常卑劣。

所谓"君子坦荡荡，小人常戚戚"，嫉妒他人的人心中永远无法清净明朗，他们会每天心事重重、郁郁寡欢，因为嫉妒者也当属小人之列。

其实，我们不必为自己的技不如人而焦虑、悲叹。要知道："梅须逊雪三分白，雪却输梅一段香。"每个人都有自己的长处，也有自己的短处，为何非拿自己的短处与他人的长处相比，自添抑郁？嫉妒他人者完全可以化"嫉妒"为动力，用自己的奋斗和努力去消除与他人之间的差距，甚至超过他人。

罗素在谈到嫉妒时曾说："嫉妒尽管是一种罪恶，它的作用尽管可怕，但并非完全是一个恶魔。它的一部分是一种英雄式的痛苦的表现；人们在黑夜里盲目地摸索，也许走向一个更好的归宿，也许只是走向死亡与毁灭。要摆脱这种绝望，寻找康庄大道，文明人必须像他已经扩展了他的大脑一样，扩展他的心胸。他必须学会超越自我，在超越自我的过程中，学得像宇宙万物那样逍遥自在。"化解嫉妒心理，祛除这颗毒瘤的良方是：

1. 自我认知，客观评价自己和他人

要正确地认识自我，评价别人。"金无足赤，人无完人"，一个人限于主客观条件，不可能万事皆通，样样比别人好，时时走在别人前面。要接纳自己，认识自己的优点与长处，也要正确地评价、理解和欣赏别人。在嫉妒心理给自己的精神带来一些烦恼与不安时，不妨冷静地分析一下嫉妒的不良作用，同时正确地评价一下自己，从而做到有"自知之明"。只有正确地认识了自己，才能正确地认识别人，这样嫉妒的锋芒就会在正确的认识中钝化。

2. 开阔心胸，宽厚待人

19 世纪初，肖邦从波兰流亡到巴黎。当时匈牙利钢琴家李斯特已蜚声乐坛，而肖邦还是一个默默无闻的小人物。然而李斯特对肖邦的才华却深为赞赏。怎样才能使肖邦在观众面前赢得声誉呢？李斯特想了个妙法：那时候在演奏钢琴时，往往要把剧场的灯熄灭，一片黑暗，以便使观众能够聚精会神地听演奏。李斯特坐在钢琴面前，当灯一灭，就悄悄地让肖邦过来代替自己演奏。观众被美妙的钢琴演奏征服了。演奏完毕，灯亮了。人们既为出现了这位钢琴演奏的新星而高兴，又对李斯特推荐新秀的胸怀深表钦佩。

3. 学会正确的比较方法

一般说来，嫉妒心理较多地产生于原来水平大致相同、彼此又有许多联系的人之间。特别是看到那些自认为原先不如自己的人都冒了尖，嫉妒心便油然而生。要想消除嫉妒心理，必须学会运用正确的比较方法，辩证地看待自己和别人。要善于发现和学习对方的长处，纠正和克服自己的短处，而不是以自己之长比别人之短。

4. 充实自己的生活，寻找新的自我价值，使原先不能满足的欲望得到补偿

当别人超过自己而处于优越地位时，你应当扬长避短，寻找和开拓有利于充分发挥自身潜能的新领域,以便能"失之东隅,收之桑榆"。这会在一定程度上补偿你先前未满足的欲望,缩小与嫉妒对象的差距,从而达到减弱以至消除嫉妒心理的目的。例如,某人虽无真才实学,却善于钻营,官运亨通,成为你的上司。对此,你大可不必猝发妒情,而应发挥自己的专长,在业务上刻苦钻研,精益求精,这样过了不多久,你同样可以令别人刮目相看。

5. 升华嫉妒,化嫉妒为动力

不管是在学校,还是在工作单位,每个人都要在具有竞争的环境中客观地对待自己。不要把比自己优秀的同学或同事当成与自己有竞争关系的对手,而要将其当成自己前进的动力。学会赞美别人,把别人的成就看作是对社会的贡献,而不是对自己权利的剥夺或对自己地位的威胁。将别人的成功当成一道美丽的风景来欣赏,你在各方面将会达到一个更高的境界。

总之,如同钢铁被铁锈腐蚀一样,人很容易被嫉妒折磨得遍体鳞伤,我们要时刻提防它对我们心灵的腐蚀,远离它,从而获得内心的自由与超脱。

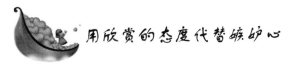

用欣赏的态度代替嫉妒心

现代社会,不可避免地存在竞争。生活中几乎每个人都有对手,对手可能是你的同学、你的朋友、你的敌人。采用什么样的态度去对待你的竞争对手,看起来是一件小事,却决定了一个人的成败。换句话说,适当的竞争能够促进一个人快速成长,并促进一个人各方面不断成熟起来。这一切的关键是你对竞争对手持什么样的态度。

每个人都会或多或少存在一些嫉妒心,无法正确面对那些比我们优秀的人,这一点正是阻挡大多数人迈向成功的绊脚石。

西方有一句谚语:"好嫉妒的人会因为邻居的身体发福而越发憔悴。"所以,好嫉妒的人总是40岁的脸上就写满50岁的沧桑。嫉妒不仅会影响到我们的健康与生活,更重要的是,嫉妒会影响到我们

第二章 摒弃嫉妒:每个人都会有的心魔

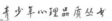

的工作心情，是我们职业发展过程中最大的心理障碍。

嫉妒是精神方面的疾病，它会使你精神瘫痪，使你无法实现真正自我。专治嫉妒的良方就是，一旦察觉这种消极情绪的侵扰，你就必须迅速作出明智的决断，树立起你的自信心。这是才智和谦恭的开端，是宽恕自己以往的过失并从中振作奋起的开端。

尤其在生气的时候，你要冷静地思考分析，不要被嫉妒心冲昏了头脑而伤了和气。如果别人的嫉妒能把你打倒，这说明你虽然可能是优秀的，却不是最优秀的，在意志上更算不上优秀。

有了竞争对手，不用整天盘算着要如何打击对方，你可以从欣赏的角度，处处学习对手，并以对手的标准来要求自己，这样你才能成为真正的胜者。事实上，欣赏对方比打击对方更有效。

金无足赤，人无完人，谁都会有自己的缺点。相反，"尺有所短，寸有所长"，每个人也都有自己的优点。我们只有能够欣赏别人，善于发现别人的优点，才能好好地利用这些优点为自己服务。

拿破仑一生中指挥过众多大战役，并屡屡得胜，一个重要原因就是他善于用人。拿破仑懂得，人总是各有所长，各有所短，因此，他选拔将才从不要求十全十美。他善于发现别人的优点和长处，并懂得如何利用它来为自己服务。按这一原则，他果断地选择了贝赫尔做他的参谋长。他说："贝赫尔缺乏果断的意志，完全不适于指挥任务，却具有参谋长的一切素质。他善于看地图，了解一切搜索方法，对于最复杂的部队调动是内行。"这样的人，对一切都喜欢自作决定的拿破仑来说，无疑是一位最理想的参谋长。

钢铁大王安德鲁·卡内基曾经亲自预先写好他自己的墓志铭："长眠于此地的人懂得在他的事业过程中起用比他自己更优秀的人。"

大部分美国人都有一种特长，就是善于发现别人的优点，并能够吸引一批才识过人的良朋好友来合作，激发共同的力量。这是美国成功者最重要的、也是最宝贵的经验。

任何人如果想成为一个企业的领袖，或者在某项事业上获得巨大的成功，首要的条件是要有一种鉴别人才的眼光，能够识别出他人的优点，并在自己的道路上利用他们的这些优点。简言之，就是用欣赏代替嫉妒。

计较、嫉妒、记恨：人生的三大敌人

利用嫉妒心理激励自己奋进

嫉妒往往是个人才能与意志缺乏的体现，伏尔泰说："凡缺乏才能和意志的人，最易产生嫉妒。"因为自己技不如人，就只能用嫉妒的心理去排解心中的不平。一旦任嫉妒心理自由发展，你就会疏远那些各方面比自己强的人，到头来不仅孤立了自己，而且会阻碍自己的前进。

嫉妒是对别人的行为感到不满的一种思维方式，它产生于自信的缺乏。嫉妒会导致任何情绪上的低落，约翰·德赖登称之为"灵魂的黄疸"。真正自信自爱的人，不会嫉妒，更不会允许嫉妒让自己心烦意乱。

我们可以适度地利用嫉妒心理的正面作用，激励自己不断地向上奋进，但切不可被嫉妒操控，以致产生一种畸形的竞争心态。

有一位名叫卡莱尔的书店经理，无意中发现了一封店员对他极尽辱骂讽刺的信，说他是个差劲的经理，希望副经理能马上接替他的职务。卡莱尔读了这封信以后，就带着信跑到老板的办公室里。他对老板说："我虽然是一个没有才能的经理，但我居然能用到这样的一位副经理，连我雇佣的店员们都认为他胜过我了，我对此感到非常自豪。"卡莱尔一点也没有嫉妒，反而为自己用了那样能干的副经理而感到自豪。

后来，他的老板不但没有撤换他，而且更重用他了。

卡莱尔是一个心胸宽广的人，他对比自己能干的人非但毫不嫉妒，反而大加肯定，为别人感到高兴，这种人的精神着实可嘉。

发明家马克西姆曾说："人们想从别人那儿获得的，不外是两种意见：一是'颂扬'，一是'亲爱'。然而立身处世，要把颂扬抛开，让别人对你亲爱。因为一经颂扬，就有人嫉妒，嫉妒便造成仇恨了。"为了避免这种可怕的嫉妒扰乱人们的正常生活，就要把它加以消除。事实证明，如果人们除去嫉妒心理，就会更容易获得成功。

第二章 摒弃嫉妒：每个人都会有的心魔

41

迈克尔·乔丹是驰名世界的篮球明星，他在篮球场上的高超技艺举世公认，而他待人处世方面的品格更是为人称道。皮彭是公牛队最有希望超越乔丹的新秀，但乔丹没有把队友当做自己最危险的对手而嫉妒对方，反而处处对其加以赞扬、鼓励。

为了使芝加哥公牛队连续夺取冠军，乔丹意识到必须推倒"乔丹偶像"，以证明公牛队不等于"乔丹队"，1个人绝对胜不了5个人。一次，乔丹问皮彭："咱俩3分球谁投得好？""你！"皮彭回答道。"不，是你！"乔丹十分肯定地说。

乔丹投3分球的成功率是28.6%，而皮彭是26.4%，但乔丹对别人解释说："皮彭投3分球动作规范。自然，在这方面他很有天赋，以后还会更好，而我投3分球还有许多弱点！"乔丹还告诉皮彭，自己扣篮时多用右手，或习惯用左手帮一下，而皮彭双手都行，用左手更好一些，这一细节连皮彭自己都没有注意到。乔丹把比他小5岁的皮彭视为亲兄弟，"每回看他打得好，我就特别高兴；反之则很难受。"乔丹的话语中流露着他们之间的情谊。

正是乔丹这种心底无私的慷慨，树立起了全体队员的信心并增强了全队的凝聚力，使他们取得了一场又一场胜利。

1991年6月，美国职业篮球联赛的决战中，皮彭独得33分，超越乔丹3分，成为公牛队这个时期17场比赛得分首次超过乔丹的球员。这是皮彭的胜利，也是乔丹的胜利，更是公牛队的胜利。

嫉妒心人人都有，它是一种很正常的情感，也是拥有健康心态的证明。看见自己很想做的事，别人可以轻易地完成，因而出现嫉妒的情绪，这纯属正常且不至于给别人造成困扰。只是，如果你一味地嫉妒，让人生充斥着不满的情绪，就无法享有快乐的生活。相反，如果将嫉妒的负面情绪转换成正面，那它就成了快乐生活的出发点。

住在隔壁的邻居买了一辆奔驰车；和自己同时期进公司的人突然三级跳，成了你的顶头上司；自己相貌平平的朋友竟然和帅哥或美女谈起了恋爱……有些人就是对这些事会出现嫉妒的情绪。人只会对可以实现的欲望嫉妒，反过来说，那些会让人嫉妒的欲望，只要去努力也是可以实现的。因此，如果你只是在那里嫉妒却不努力，是不可能拥有金钱、地位和幸福的。试着把嫉妒转换成努力的动力，那么嫉妒对你的人生而言，绝对会起正面作用。

倘若你已经努力了，却仍无法完成你的人生目标，当然也只有放弃这件事，再寻找其他可以让你快乐的事。放弃那些难舍弃的欲望，或许可以让你成长。

无论如何，嫉妒别人，不如自己努力去实现自己生命的价值。毕竟人不能靠嫉妒来推动生命，更不能因嫉妒而停止前行。

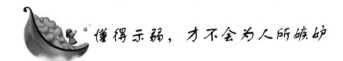

懂得示弱，才不会为人所嫉妒

美国著名心理学家卡耐基曾经说过这样的话："如果你想赢得朋友，让你的朋友感到比你优越吧；如果你想赢得敌人，那就时时刻刻感到比你的朋友优越吧。"

人们往往是同情弱者的，用能够打动自己的方式，同样也能打动别人。性情不争、内心不杂的人才会有一种对自我的坦然和对世事的定力，才会不计较一时的强弱。而懂得示弱的人，才不会为人所嫉妒，因此而达到另一番无为而治的境界。

示弱并不是真的软弱，而是一种大智若愚的做人智慧，可以减少乃至消除他人的嫉妒或不满。嫉妒是人们在对比中产生的一种正常心理，事业成功、生活幸运而又锋芒毕露之人必遭人嫉。在一时还无法消除这种社会心理之前，做一个懂得示弱的人可以将其消极作用减少到最低程度，使处境不如自己的人保持心态平衡，于人于己均为和谐。

曾经有一位企业家，事业做得很成功，也就免不了被人捕风捉影地制造出一些"丑闻"。有一天，一位记者去拜访他，目的就是想获得一些"内部资料"。

企业家对记者的来意非常清楚，为了缓解气氛，他很轻松地说："时间还早得很，我们可以慢慢谈。"企业家这种从容不迫的态度无疑让记者大感意外。

43

企业家先是叫保姆送上了两杯咖啡，当咖啡端上来以后，企业家端起咖啡喝了一口，立即大嚷道："哦！好烫！"声音之大让在场的人都吓了一跳。咖啡杯随之滚落在地。保姆赶紧过来把东西收拾好。这时企业家又拿起一支香烟，但是却把过滤嘴向外放进了嘴里，接着他又拿起打火机准备点烟。这时记者赶忙提醒："先生，你将香烟拿倒了。"企业家听到这话之后，慌忙将香烟调整过来，不料却将烟灰缸碰翻在地。

记者看到生活中的企业家好像和商场中的完全不同，那种趾高气扬的样子被一连串的洋相代替了。记者的感觉也慢慢发生了变化，在不知不觉中，原来的那种挑战情绪消失了，取而代之的甚至多了几分同情。

企业家的目的达到了，这就是他想要的结果——其实，整个过程都是企业家一手安排的。很多时候，当人们发现杰出的人物也有许多弱点时，那种敌对的情绪就会逐渐淡化，在同情心的驱使下，甚至还会产生某种程度的亲切感。

人际交往中，若想让他人放松对我们的紧张甚至警惕，保持亲近之感，只要把自己装扮起来，使他人一想到我们就与某种特定的形象联系在一起，而忽略了我们的真实形象。同时，巧妙而不露痕迹地在他人面前暴露一些无关痛痒的小缺点，出点"小洋相"，以表明自己并非是一个高高在上、十全十美的人，反而会让增强我们自身的亲和力，让他人在交往的过程中感到放松。

在我们日常的生活中，很多人就是运用这种方式，赢得别人的同情，从而达到自己的目的。这种情况不仅在现代，在古代也有很多应用。

在北宋太宗时期，曹翰因为得罪了太宗皇上，被罚到汝州。在汝州的日子里，曹翰为了官复原职并且返回京城，每天冥思苦想，但是始终没有一个好的办法。一天，宫里派了个使者到汝州办事，曹翰发现这是一个十分难得的机会，他决定利用这个使者使自己返回京城。

曹翰想办法见到了使者，流着泪对他说："我的罪恶深重，就是死也赎不清，真不知如何才能报答皇上的不杀之恩。来到这里以后，我每天都在认真的反省自己的错误，将来有机会一定誓死报效朝廷"。

曹翰一边说一边哭，说着说着，他拿出了自己的几件衣服，他对使者说："我在这里服罪，只是家里人口太多，没有人去照顾他们，因为没有食物，他们都快活不下去了，这些都是我用不上的衣物，请您回去以后，帮忙抵押一些银两，交给我家里，让他们也好勉强糊口。"

使者回到宫里，向皇上如实汇报了情况。太宗打开曹翰的包袱一看，在几件衣服里面包有一幅画，画的题目是《下江南图》。这幅画画的是当年曹翰奉宋太祖旨意攻打南唐时候的情景。当时曹翰任先锋官，他作战时非常英勇，立下了不少战功。

太宗看到此画就想起了曹翰当年的功勋，一时心里感到非常难受。曹翰本来就是自己的得力战将，只因一时糊涂犯了错误，对他也实行了惩罚，现在应该知道悔过了。于是太宗怜悯之情油然而生，决定把曹翰召回京城。

曹翰的示弱成功地打动了太宗，一方面，他把自己的生活表现得十分落魄，吃喝不济，还有众多家人无法照料。另一方面，他又巧妙和太宗提起了旧时的功绩，表明自己还是个可用之才。因此，他的计策一下子就达到了预期的目的。

如果想化解别人的妒忌，或者想找人帮忙把事情办好，那么就必须在人之常情上下一番工夫。可以在别人面前表现出愚蠢笨拙，让人觉得自己并不那么优秀；或者把自己所面临的困难说得在情在理，引发他人的怜惜或悲悯。

总之，示弱并不是真的软弱，而是一种隐于无形的大智慧。示意自己的弱势，是为了排除前进路上那些不必要的障碍，也只有性情平而不杂、简明单纯之人才会有如此心境。

第三章　摒弃记恨：人生太短暂，莫起记恨心

　　一些伤害的影子会经常萦绕我们的心头，挥之不去，很容易在我们的心底缠绕成愤怒的情结，最后变成对那个人的记恨。

记恨别人，不如修炼自己

每个人的人生都不会是一帆风顺的，在这个充满坎坷和挫折的人生之旅上，谁都难免会遭受到别人的误会，猜忌，嘲笑，冷遇，拒绝，甚至是诋毁，伤害和抛弃。这些遭遇轻则会让我们难过一阵，重则会给我们的心灵带来伤害。一些伤害的影子会经常萦绕我们的心头，挥之不去，很容易在我们的心底缠绕成愤怒的情结，最后变成对那个人的记恨。

记恨别人，表面上好像是可以让那个人难过，借此惩罚他对我们犯下的罪过。其实，记恨别人是折磨自己的行为。别人可能会因为你的记恨产生内疚，也很可能他早已经忘记了对你有过的伤害，所以，你的记恨客观上对别人的惩罚是有限的。反倒是对你自己的惩罚却实实在在，因为你对曾经发生的你不愿意看到的事情耿耿于怀，这些愤怒的情绪就一直左右着你，让你的日子不好过，它就像一片阴云，长期笼罩着你心灵的天空，让你难见生命的阳光。

某女孩与男友分手一年，一直对男友记恨在心，记恨的结果是让她这一年里没有去工作，身体孱弱不堪，精神恍惚，对自己的未来失去信心和希望。

心理学认为，记恨就是让自己一直沉浸在受伤害的位置上，纠缠在过去的情节中，以极端的受害者形象来表现自己的痛苦。总是沉浸在"受害者"意识当中的人最根本的一点是自卑情结在作怪，必定有着他内心深刻的不足之处，记恨可以带给你虚假的安全感，心里塞满了恨就变得较不空虚。

记恨实际是把事情的责任推给了别人，是别人的错误行为导致了今天的结果，这样认为会暂时让自己免责。不过，这样做同时也会让自己看不清问题的实质，更难以找到自己今后生活的方向。

不原谅别人，其实是不原谅自己，是对自己自卑的地方难以释然。明白这个道理，就不要再长久纠缠在那些无用的记恨上了。要

48

清醒自己不足的所在，为这个不足奋然而行，好好地修炼自己，待到功成圆满，我们就克服了内心里的自卑，也许那时你可能还要感谢那个让你记恨过的人呢？是他让你认识了自己的不足，也给了你进取和修炼自己的力量。

美国历史上，恐怕再没有谁受到的责难、怨恨和陷害比林肯多了。林肯却从来不以他自己的好恶来批判别人。如果有什么任务要做，他也会想到他的敌人可以做得很好。如果一个以前曾经羞辱过他的人，或者是对他个人有不敬的人，却是某个位置的最佳人选。

林肯还是会让他去担任那个职务，就像他会派他的朋友去做这件事一样。而且，他也从来没有因为某人是他的敌人，或者因为他不喜欢某个人，而解除那个人的职务。很多被林肯委任而居于高位的人，以前都曾批评或是羞辱过他——比如麦克里兰、爱德华、史丹顿和蔡斯。但林肯相信"没有人会因为他做了什么而被歌颂，或者因为他做了什么或没有做什么而被废黜。因为所有的人都受条件、情况、环境、教育、生活习惯和遗传的影响，使他们成为现在这个样子，将来也永远是这个样子。

美国加州的安妮一家就拥有这样平静的心态，在安妮很小的时候她的家人每一天晚上都会从圣经里面摘出章句或诗句来复习，然后跪下来一齐念"家庭祈祷文"。她现在仿佛还听见，在加州一栋孤寂的农庄里，她的父亲复习着耶稣基督的那些话："爱你们的仇敌，善侍恨你们的人；诅咒你的，要为他祝福；凌辱你的，要为他祷告。"

安妮的父亲做到了这些，也使其内心得到一般人所无法追求的平静。

如果你还要记恨的话，那就记住法国文学大师雨果的那句话吧，他说："最高贵的报复就是宽容！"学会宽容别人，更要学会宽容自己。因为记恨等于不宽容自己，等于让自己一直停留在早应该过去的痛苦中。

 ## 学会遗忘，多多检讨自己并改善自己

生活中，许多事需要你记忆，同样也有许多事却需要你遗忘。比如，你婚姻失败了，总不能一直溺陷在忧郁与消沉的情境里，必须尽快遗忘；股票失利，损失了不少金钱，心情苦闷提不起精神。你也只有尝试着遗忘；期待已久的职位升迁，人事令发布后竟然没有你，情绪之低可想而知。解决之道别无他法——只有让自己遗忘。

然而，想要遗忘却不是想象中那么容易。遗忘是需要时间的，如果你连"想要遗忘"的意愿都没有，那么，时间也无能为力。你或许很容易遗忘欢乐的时光，对于不快的经历却常常记起，这是对遗忘的一种抗拒。换言之，习惯于淡忘生命中美好的一切，但对于痛苦的记忆，却总是铭记在心。就如你吃过了糖会很快忘记甜，吃过了黄连却口有余苦。

的确，很多人无论是待人或处事，很少检讨自己的缺点，总是记得"对方的不是"以及"自己的欲求"。其实到头来，还是很少如愿——因为，每个人的心态正彼此相克。

反之，如果这个社会中的每个人都能够试图将对方的不是及自己的欲求尽量遗忘，多多检讨自己并改善自己，那么，彼此之间将会产生良性的互补作用，这也才是每个人都乐于见到的。

有这样一个故事：

有一次，一位青年给了一个朋友三条缎带，希望他也能送给别人。这位朋友自己留了一条，送一条给他不苟言笑、事事挑剔的上司两条，因为他觉得由于上司的严厉使他多学到许多东西，同时他还希望他的上司能拿去送给另外一个影响他生命的人。

他的上司非常惊讶，因为所有的员工一向对他是敬而远之。他知道自己的人缘很差，没想到还有人会感念他严苛的态度，把它当做是正面的影响而向他致谢，这使他的心顿时柔软起来。

这位上司一个下午都若有所思地坐在办公室里，而后他提早下班回家，把那条缎带给了他正值青春期的儿子。他们父子关系一向不好，平时他忙着公务，不太顾家，对儿子也只有责备，很少赞赏。那天他怀着一颗歉疚的心，把缎带给了儿子，同时为自己一向的态度道歉，他告诉儿子，其实他的存在带给他这个父亲无限的喜悦与骄傲，尽管他从未称赞他，也少有时间与他相处，但是他是十分爱他的，也以他为荣。

当他说完了这些话，儿子竟然号啕大哭。他对父亲说：他以为父亲一点也不在乎他，他觉得人生一点价值都没有，他不喜欢自己，恨自己不能讨父亲的欢心，正准备以自杀来结束痛苦的一生，没想到父亲的一番言语，打开了他的心结，也救了他一条性命。这位父亲吓得出了一身冷汗，自己差点失去了独生的儿子而不自知。从此改变了自己的态度，调整了生活的重心，也重建了亲子关系，增强了儿子的自信心。就这样，整个家庭因为一条小小的缎带而彻底改观。

送人以缎带，证明你已遗忘了相处中所受的那些委屈和责难，忆起别人给你的快乐和益处。而受你缎带者却更能被你感动，看到你的心灵之美，爱你，助你。你还等什么呢？学会遗忘吧！拾起那根缎带，送给让你受伤的那个人，他将回报你一片灿烂的阳光。

遗忘经历的坎坷。有些人不为经历的坎坷而悲伤，而是承受了创伤，心情平静地做好当前的事来弥补创伤。不少老人都是坎坷地生活了几十年，工作不久又到了退休年龄，但他们退而不休，继续发挥他们的作用，大踏步追赶、弥补失去的青春年华，了却他们的夙愿，取得了成就，得到了欣慰。

遗忘个人的恩怨。有的人提起某人对他的打击，就牢骚满腹、喋喋不休、怒气冲天，直到古稀之年还记忆犹新，真可谓记了一辈子的仇，付出的代价太大了。受了打击感到委屈，情有可原，但如果认识了让心情平静的秘诀是正确的价值观念，他的埋怨就可以大部分遗忘了。

遗忘心烦的小事。对微乎其微的小事也不要记在心上，有时因为夸大了小事，引起不必要的烦恼。生命有限，失去不会再来，还是要把引起心烦的事忘掉，以求心情平静，利于健康。

51

遗忘力所不能及的事。对力所不能及的事不要纠缠在心，对生活中意想不到的困难不去着急。人生有顺境也有逆境，有成功也有失败。克服了困难，取得了成就，自然可体会到战胜困难的幸福；但在战胜不了困难时，还是忘掉为好，不要勉强去做。

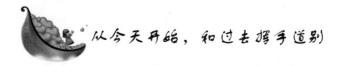

从今天开始，和过去挥手道别

空白的墙是空的吗？不一定。

巴黎卢浮宫内的那面空白的墙就曾吸引过数以十万计的游客——因为，就是在这面墙上，挂过达·芬奇的《蒙娜丽莎》！可是，天有不测风云，1891 年的一天，这幅名画被人偷走了。从那天起，这面空墙前反而变得人流如潮，人们久久地望着空墙，感叹着，猜测着，愤怒着，遗憾着。据统计，两年来在空墙前驻足流连的人，竟然超过了过去 12 年来观赏名画的人数的总和！

这不能不说是个奇迹！

人们常常留恋一些失去的东西，不断地在回忆中给失去的东西涂抹色彩，使其在自己的想象中更加完美。

上天赐给我们很多宝贵的礼物，其中之一即是"遗忘"。只是我们总是过度强调"记忆"的好处，反而忽略了"遗忘"的功能与必要性。

西方人常说："过去的岁月永远是美好的。"欧洲老派缙绅在回忆往事时因为有壁炉做背景，有香槟酒做道具，常能显出成熟男人的魅力和沧桑感。东方人对往事的眷恋程度丝毫不亚于他们，这大约与东方民族的苦难经历、坚韧性格、宽容态度、淡泊心境和哲学观点有关。千百年来，吟诗填词的文人几乎个个都有这样的自觉性。现代人在这个方面，与其说继承了优秀传统，不如说因为有血缘的联系，怀起旧来更具风采。

有位哲学家曾说："人一旦开始怀旧，就老了。"但是综观现代的社会怀旧者，年龄似乎开始"年轻化"，一些花季少女居然也开始怀念过去。

怀旧本身是相当美好的一件事，但如果让自己的情绪陷进去，则会使自己的精力分散，不能专注于眼前的事情。怀旧从某种程度上来讲，还是逃避现实的心理。

张爱玲这位传奇女子，她对于"怀旧"的情结与心理是有深刻领悟的。她知道那些前清的遗老遗少只有靠回忆过去的好时光才能获得内心的片刻安宁、一时的满足，因为过去的荣耀与显赫对今日的不足与失意而言，是一种珍贵的补偿。

王安忆的小说《长恨歌》中也同样有这样的描写。主人公王琦瑶与摄影师一味回忆曾经的风光、风情，而与现实的生活脱节，这也为他们的命运埋下了忧虑的种子。

有些人很依恋过去的事情，依恋过去的友人、恋人。他们保存着大量的旧照片、旧服装、旧书、旧报纸；给孩子取旧时代的名字；十分热衷于搞同乡会、同学联谊会。有的男士女士，过去曾有过一段恋情，因故未成连理但彼此不能忘怀，如今已届中年，倒旧情萌发，开始"第二次握手"。也有人很依恋过去的经历，过分看重过去所取得的功绩，把过去获得的奖状、勋章、奖品保存得完好无缺，时常追忆当年那辉煌的经历。相比之下，现在这荣誉的光环正逐渐在消失，心里便时常有失落感。

正是这些怀念过去好时光的心理，让人容易将今天与昨天对比，产生的结论难免令人失望，使人灰心丧气，忧虑与忧郁也由此而产生。

著名作家三毛说："我苛刻地对待往事，这使人不必缅怀太多过去。我很少开口求人，这使我自由。我小心地去关爱他人，这使情绪不流于泛滥。"

过去无论多么美好或遗憾，我们都该尝试和它道个别，否则忧虑的情绪就会爬满你的身体，让你喘不过气来。适时地遗忘是多么重要，然而想要遗忘，却不是想象中那么容易。遗忘是需要时间的，只不过，如果你连"想要遗忘"的意愿都没有，那么，时间再长也无济于事。

一般人往往很容易遗忘欢乐时光，却经常忆起哀愁的经历，这是对遗忘哀愁的一种抗拒。换言之，人们习惯于淡忘生命中美好的一切，但对于痛苦的记忆，却总是铭记在心。为什么呢？难道我们真的如此笨拙？

对于往事，我们或许可以聪明而理智地选择"选择性记忆"，就算忆往昔，还是忆一些轻松愉快的吧。

无论你过去获得了多少的荣誉与成就，都要清醒地认识到"好汉不提当年勇"是最明智的活法。因为长江后浪推前浪，一代更比一代强，与其回忆从前，不如放眼未来！

如果你的过去并不辉煌，那么就更要把握住今天，你应该好好地为自己创造美好的明天，而不要把宝贵的时间与精力放在对昨天的悔恨上。要知道，这一切毫无意义，除了会让你学会遗憾与忧虑之外，别无其他。

与其让那些无可挽回的事实破坏我们的情绪，毁坏我们的生活，还不如让自己对它们坦然接受，并加以适应。要记住，有些时候后悔是无济于事的，我们已经失去了很多，但只要不失去教训就行。

从今天开始，和你的过去挥手道别吧，无论它是怎样的过往，我们还是该快乐、从容、充实地生活在今日的方格中。

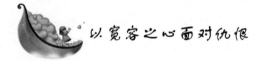

以宽容之心面对仇恨

英国哲学家培根曾这样论及报复："报复的目的无非只是为了同冒犯你的人扯平，然而有度量宽谅别人的冒犯，就使你比冒犯者的品质更好。""宽"被圣人奉为五德之一，一个宽宏大量的人，才能与众人相交。"世界上最宽阔的是海洋，比海洋更宽阔的是天空，比天空更宽阔的是人的胸怀。"宽恕就是这样一种比天空更宽阔的胸怀，它能够化解世界上最顽固的敌意和最强烈的仇恨。宽容，往往是对仇恨最好的回应。

宽容是一种美德和智慧，就像书中所写："一只脚踩扁了紫罗兰，它却把香味留在了那脚跟上，这就是宽恕。"世界上只有一种人能够做到没有永远的敌人，那就是懂得宽恕之道的人。

长寿王仁政爱民、慈悲为怀，使国家风调雨顺、国富民丰。然而不曾想却因此而勾起了邻国贪王的野心，准备出兵抢夺。长寿王不愿殃及无辜百姓，便决定舍弃王位，与儿子长生一起遁隐山林。

贪王占领了长寿王的国土后，欲壑难填，仇意肆起，下令追捕长寿王父子。长寿王在一次敌我力量悬殊的偷袭中，为了保护儿子长生而不幸被抓。临死前，长寿王看到自己的儿子混杂在人群中，满怀仇恨地盯着贪王，便大声说："希望我的儿子能以仁为诚，以德报怨，不要为我报仇。"

虽然听到了父亲的遗言，但满腔怒火的王子一心只想着报仇。于是他千方百计地得到了贪王的赏识，进而成为贪王的贴身侍卫。

在一次伴随贪王出行的途中，长生刻意让贪王远离随从，在山林间迷了路。筋疲力尽的贪王躺下来休息，在其熟睡之际，长生正准备动手杀了他，但忽然想起父亲的遗言，便犹豫不决起来。

最终，长生决定尊奉父亲的遗言，原谅贪王。同时，主动向贪王表明了自己的真实身份，并说："你杀了我吧，免得我报仇的念头又死灰复燃。"

震惊的贪王被长寿王父子的宽容和仁慈所感动，当下幡然醒悟。于是将国土归还给了长生，两国从此结为兄弟之邦。贪王自己也一改残暴，像长寿王一样善待人民、体恤疾苦了。

正如圣严法师所说："慈悲没有敌人，智慧没有烦恼。"真正的宽容来自于博大的胸襟，来自于爱人如己的智慧。的确，心怀宽容，尤其是面对仇恨时仍能容纳对方，是让人肃然起敬的。然而，生命的意义就在彼此的接纳中展现出它的和谐之美。饶恕是一种极高的境界，一个饶恕别人的人，也会因为自己的生活中不再充满仇恨而得到心灵的释放。

好在，也许我们还没有道遇像长寿王父子那样的仇恨，但人们在生活中也大都会受到有意无意地伤害。有的人生气后，随时间而淡化；有的人拿起武器进行反击，并适时而止；有的人，置之一笑，调整好心态，继续走自己的路；而有的人，却无法从不快的心理阴影中走出来，他们常常扒开伤口查看，每看一次，伤口便扩大一分，

第三章 摒弃记恨：人生太短暂，莫起记恨心

55

于是报复心理便随之产生。且不说能否给对方造成痛苦，单就其本人为此所浪费掉的宝贵时间、破坏掉的好心情，也无不使之因受制于别人而偏离了自己原有的人生轨道，心灵自然也就无法自由地飞翔。但反之，当他人以恶劣的态度相向时，我们若能忍耐一时之气，以宽容之心对待，以理智之态处理，那么在不知不觉中便会创造出许多美好。

明代英臣金忠在任兵部尚书时，有个同籍的老乡来京师谋生，想求助金忠略扶一二。但又非常担心金忠容不下他，因为此前自己曾多次侮辱过金忠。

没想到，金忠听说后，非但没有挟嫌报复，反而尽力举荐他。这让跟随金忠多年的手下人气不打一处来，便问金忠："这个人不是曾经多次伤害过您吗？"

金忠只说了一句："我举荐他是因为他身上有可以为国家效力的才能，又怎么能以个人的恩怨而有意遮掩呢？"

古人大度容人的英雄气概无疑让我们敬仰。然而反观自己的生活，却并不尽如人意：亲朋好友之间因为一句闲话而争得面红耳赤，形同陌路；邻里之间因为孩子打架而导致大人吵嘴，老死不相往来；夫妻之间因为琐事而同室操戈，劳燕分飞；父子之间因为考试、工作而意见不合，竟至横眉冷对。

但是我们是否认识到，这样的事情导致的结果往往都是两败俱伤，彼此身心俱疲。所以说，容忍、宽恕别人，同样也是在善待自己。就像人们常说的，我们的心如同一个容器，当爱越来越多的时候，仇恨就会被挤出去。消除仇恨并不需要刻意地复杂而为，只要用一颗简单的宽容之心来不断充实自己，那么仇恨自然也就没有容身之所了。如此，仁爱的光芒便会照亮我们的心灵，让我们在参透人生智慧的同时，获得那份难得的从容与超然。

悔恨与自责也应该适可而止

对待错误，应该像对待眼中的沙子一样。没有人永远是正确的，当你做错事的时候，只需想到别人兴许也会犯这样的错误，别人在其他问题上也会犯错，这样你就不会过于自责，也就不再计较了。

当我们觉得自己的行为违背了道德标准或者社会公德时，就会感到自责；当我们回想曾经发生的不幸，对于自己的错误行为也常常感到悔恨和自责。我们往往长时间地沉浸在这样的低落情绪当中，不能自拔。这真是自找气受，既然我们可以宽容别人，为何还要和自己较劲呢？

一位年轻小伙跟一位玉雕大师学习雕玉的技艺，一学就是九年，师傅把雕玉的步骤、技巧都一一传授于他。无论是选玉的视角、开玉的刀法、下刀的力道、打磨的时间，小伙都能熟练地把握了。

可有一件事让小伙不明白，虽然他的操作和师傅一模一样，但大师雕的玉就是比他雕得好看，价格也比他的高出好几倍。他开始怀疑大师没有把绝技传授给自己，所以他们雕出来的玉差别才那么大。

小伙越想越生气，开始惋惜自己在此花费的九年光阴。一天，大师把他叫到书房，对他说："我的全部技艺已经传授于你，你离开师门之前，需雕刻一样作品作为你的毕业总结。我已经在南山购得一块璞玉，准备让你来雕一个蟹篓，雕玉的价钱已经谈好，到时候你可以用这笔收入作为自立门户的本钱。"

年轻小伙一看那块璞玉，是一块翠绿的极品岫玉，显然是师傅花了大价钱才购得的。年轻小伙想：我一定要认真雕这块宝玉，一定要超过师傅。

于是年轻小伙憋着一股劲，开始动手雕刻。这种心气让他无法平静下来，手中的刀似乎也不听使唤，终于在雕篓口的一只螃蟹时歪了，刀痕划过美玉，一瞬间，他崩溃了。他无法原谅自己的失误，

57

于是不辞而别，丢下未完成的玉走了。

后来，小伙陆续在几家玉雕作坊里工作，不过多年来他从没雕出一件像样的作品，因为每当他拿起刻刀，那块翠绿岫玉上的刀痕就会浮现在他脑海里。由于作品一直不出彩，他一次次被作坊老板辞退。在被第八家作坊辞退的时候，他彻底失去信心。这时他想起了大师，决定回去看看。

面对身背荆条跪在门前的徒弟，大师并没有觉得很诧异，只是和过去一样，心平气和地说："开工了。"他哭了，然后跟着大师来到书房，大师从一个方匣中取出那块翠绿岫玉，那深深的刀痕又进入他的眼帘。

大师当着他的面，拿起刀在那深深的刀痕上雕琢。没过多久，一只活灵活现的小龙虾出现在螃蟹背上，原来那道刀痕不见了，呈现在眼前的是一件巧夺天工的艺术品。年轻小伙扑通一下跪在大师的面前，满面羞愧地央求道："请师傅传授这雕玉绝技。"

大师神态平静地对她说："我已经把全部的技艺都教给了你，如果说有什么绝技的话，就是一句话：刻在玉上的错，不应该再刻在心上。"

大多数情况下，我们之所以感到自责，是因为我们想要向自己以及周围的人表明，我们为自己的行为感到十分抱歉。从本质上来说，我们是在进行自我惩罚，为以前的错误寻找解脱的出口，并且企图改变曾经发生的不愉快。可是过去发生的一切都不可能从头再来。

不断地自责，无疑会让自责成为一种思维定式和习惯，不知不觉中消磨了改变的意志。甚至，把自责当做一种减轻压力的工具，而事实上，如果不能及时脱离这种无节制的情趣低谷，自责还会继续下去，而且压力越来越大，情绪也越来越坏，到头来问题还是没有解决。

自责不同于吸取教训。适当的自责会让你认识错误、改过自新，但强加的自责只会把你变成过去的俘虏，不仅不能树立信心，反会因此停滞不前、消极逃避，这实际上是一种更加不负责任的行为。不能原谅别人、心怀怨恨的人，同样也不能原谅自己。他们都是饱受自责情绪折磨的人。

发现问题后，不要为此急着责怪自己，而应该尽早尽快地把它解决掉。越早解决，你就能越快摆脱它所带来的痛苦。只有这样，你才能尽快走出自责的阴影，怀揣一份积极快乐的心态，坦然面对未来。

做错事不可怕，可怕的是你因为做错一件事就永远被打败。"人非圣贤，孰能无过"，无论是在工作还是生活中，犯错本来就是难以避免的事情。关键不在于你犯的错本身，而在于你犯错之后的反应。

如果你失去了直视错误的勇气，从而失去做事的心情，很可能就会赔上你的现在，甚至还有未来。所以，切莫再抓住过去的伤疤不肯放手，赶快从自怨自艾的泥潭中跳出来，朝气蓬勃地投入到新的生活和事业中去吧！

放下自己曾经做过的"错事"，不去和那些意外计较，不堪重负的心灵才能从中解脱出来，重新找回做"错事"之前的自己，开始一段精彩纷呈的旅途。

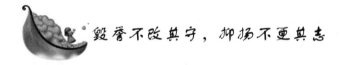

毁誉不改其守，抑扬不更其志

除了自己，没有人可以决定我们的路怎么走。对于谣言，只要心中知道自己在走什么样的路，便没有人可以减损我们前进的动力。浊者自浊，清者自清，视而不见、充耳不闻，谣言自然便不能伤害到我们。毁誉不改其守，抑扬不更其志；内心淡然而定，任雨打风吹，自若向前。

面对闲言议论、诋损毁谤，既然他人有心制造，我们又何必自行上前惹得一身尘杂？越是安然平静，不被搅动的水，越容易得到沉淀。所谓清者自清，胸襟使然。

狄仁杰在武则天执政时期，可以算得上是一位著名的宰相。他对流言蜚语的泰然处之，被后世广为传颂。

狄仁杰办事公平，执法严明，在当地有着广受称赞的美誉。武

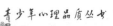

则天因此把当时还是豫州刺史的狄仁杰调回京城，并升任宰相。

但武则天还是想再有意考察一下狄仁杰，便在一次上朝后留住了他。武则天故意告诉狄仁杰："你在豫州任职时，政绩的确突出，名声也很是清明，所以我任命你为宰相。但是回京后，我却听见有人说你不好。"

狄仁杰只是简单应和了一声，毫不在意。

武则天不禁追问："你不想知道说你坏话的人是谁吗？"

狄仁杰正色道："人家说我的不好，如果确实是我的过错，我愿意改正；如果陛下已经弄清楚不是我的过错，这是我的幸运。至于是谁在背后说我的不是，我不想知道，这样大家可以相处得更好些。"

对狄仁杰的气量和胸襟，武则天多少也有些耳闻，但亲耳听到这样的话，还是不禁钦佩他的政治家风度。狄仁杰因此而更加得到赏识和敬重，被尊称为"国老"。

问心无愧的人无须为自己洗刷。狄仁杰的处世之道，可资借鉴。

生活中，我们常常会听到别人对自己的闲言碎语，但从另一方面而言，毁谤又像是日常生活中的一面镜子，可以照出一个人的境界。一个人要战胜闲言与毁谤，可以不必采取针锋相对、寸步不让的态度，不卑不亢、问心无愧反倒说明内心的笃定。"毁誉从来不可听，是非终久自分明。"古今中外有很多人都是深谙其中之道的。

国外的竞选向来都是在众说纷纭中角逐上下。施瓦辛格也没能避免"被故事化"的遭遇，在竞选州长的时候，他受到了各种谣言的中伤。

可施瓦辛格对此却无动于衷，不急不躁，没有流露出丝毫想去理会或回应那些无聊责难的倾向。

没想到，这一举动反而让他在选民中更加受到欢迎，他的人格魅力为他赢得了更多的信赖和支持，并最终获得了胜利。

竞选是这样，现实生活亦如此。一味纠缠于琐屑之事，不仅白白耗费宝贵的时间和精力，而且对我们自身的形象也是一种玷污。若因他人的品头论足而影响情绪，那么就会失去宁静的心态，专心的志向，一切不再平常，一切变得繁杂。

计较、嫉妒、记恨：人生的三大敌人

面对外界的评价，实则深刻反省、力改不怠；虚则修身养性，加以自勉。重要的是我们自己如何看待自己，而非他人。倾听来自灵魂深处的声音，时刻与自己对话，进而给出正确的自我评价，拥有笃定的主见。如此，才不会在抉择时刻乱了方寸，迷了双眼。

忘掉失败，将成功设定在未来

沃尔玛的前 CEO 戴维·格拉斯在评说沃尔玛创始人山姆·沃尔顿时曾说："山姆有件事真的与众不同，那就是他不怕犯错，不怕把事情搞得乱七八糟。到明天早上，他又会转移到新目标上，从不浪费时间去回顾过去。"失败时常有，但人们不能沉沦于失败的打击中一蹶不振，无法自拔。如果不能从失败的痛苦阴影中走出，那么也许将咏远没有重新开始奋斗的勇气。面对失败时的心态其实很简单，它只是让我们排除了又一个不成功的原因。忘掉失败、敢于向前的人，必是胸怀笃定乏心。如此不给自己负重，既是最简单也是离成功最近的方式。

英国《泰晤士报》前总编辑哈罗德·埃文斯一生中曾经历过无数次失败，其中包括他在 20 世纪 80 年代中期对《泰晤士报》进行改革的失败。但他却从未在失败中沉沦。对于失败，他曾经说过这样一段话：

"对我来说，一个人是否会在失败中沉沦，主要取决于他是否能够把握自己的失败。每个人或多或少都经历过失败，因而失败是一件十分正常的事情。你想要取得成功，就必得以失败为阶梯。换言之，成功包含着失败。关于失败，我想说的唯一的一句话就是：失败是有价值的。因此，面对失败，正确的做法是：首先要勇于正视失败，找出失败的真正原因，树立战胜失败的信心，然后便忘掉关于过去失败的一切，以坚强的意志鼓励自己一步步走出阴影，走向辉煌。"

这个世界上没有人不曾失败过，不是一些人、也不是大多数人，

61

而是每一个人都体会过失败的痛苦与挣扎。本田公司创始人本田在他的传记中就曾这样写道："我的人生就是失败的连续。"

然而世事茫茫，人与人之间的差距就在于面对失败时的心态。要记得，正如成功一样，任何一次失败都只是暂时的，不要让过去式的无法改变影响到我们明天的生活。

不能忘掉失败，就如同摔倒了不是拍拍尘土继续前行，而是站在原地怨恨眼前的绊脚石，并长久地因为疼痛而不敢再迈步，正所谓一朝被蛇咬十年怕井绳。他们把败局看得很复杂，前思后想地反复琢磨，无形中让失败时沉重的心理阴影一次又一次地遮盖住未来的天空。从而在潜意识里，就真的牵引着他们不知不觉地重复着失败的老路。

失败是一件无可奈何的事情，但最不幸的还不是失败，而是受到它的阴影影响，莫名其妙地走入厄运的循环，如同身附某种无法摆脱的魔咒。而这种魔咒的力量其实就来自于我们自己内心深处不安的心魔，一味地在失败的回忆中徘徊，就注定了我们必将在里面扑空，而生命也就在这徒劳无功的纠缠中悄悄流逝的霉运。只有忘却失败的痛苦，才有力量重新鼓起奋斗的勇气。

忽略过去，当做什么也没有发生过，是因为我们内心有着笃定而唯一的目标。我们眼中只有两个点：现在自己所处的位置和最终的那个目的地，如此简单而已。两点之间直线最短，排除一切烦扰，这其中就包括过去失败的杂念。只要从中认真总结经验教训，尽量避免在今后犯同样的错误，那么未来的辉煌就从来不曾离我们远去。如此，在重新起步的同时，也让我们享受到了最轻松的行进过程。

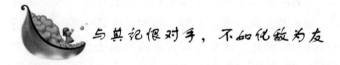

与其记恨对手，不如化敌为友

如果说，人的一生中有敌人，那么除了我们自己，也就再无他人了。病痛是自己的敌人，烦恼是自己的敌人。然而，疾病也要治疗，烦恼也要面对。对于人生最大的"敌人"，我们都可以"帮助"，又何况于自己心中设定的其他人呢？

消灭敌人并不能显示出我们的智慧，因为与之对峙的同时，自身的精力也必将有所消耗，自身的心性也必将有所动乱。朋友可以是永久的朋友，而敌人却不要成为永久的敌人。在帮助敌人的同时，便获得了以德报怨的境界，无论是否能化敌为友，我们的生活都会越来越丰盈。

战国时期，中山国的相国司马熹勤于政事，向国君请示或商讨国家大事时，常常忘记了时间，一说就是大半天，甚至一直谈到半夜。而国君也非常信任司马熹，很愿意听他的谋论和规划；但因此而逐渐忽略了后宫生活。许多嫔妃都对司马熹意见纷纷，尤其是国君的宠姬阴简。

阴简十分憎恨司马熹，一有机会就在国君的枕边说他的坏话。时间一长，国君的态度也有所改变。而司马熹对此也有所耳闻，十分明白自己的处境。于是他决定不能这样坐以待毙，要在适当的时候"帮"阴简一把。没过多久，机会就来了。赵国为了互通有无，专门派了一位使者来访中山国。对战国七雄之一的赵国来使，小小的中山国自然是不敢怠慢。国君专门命司马熹寸步不离地陪伴在赵国使臣身边，生怕有一点疏忽。

在一次宴会上，司马熹问使者："听说贵国美女如云，尤其擅长音乐，是这样吗？"

使者谦逊地说："并非如此。"

司马熹恰好抓住了这样的话机，紧接着说："我曾经到过许多国家，见过无数美女，但总觉得没有能比得上我们国君的宠妃阴简的。她的容貌倾国倾城，仪态婀娜多姿，简直有如仙女下凡一般！"

说者有意，听者亦有心。赵国使者暗自记在了心里，回国后便马上把这一情况禀报给了赵王。赵王听闻，还未见到阴简本人，心里就已经蠢蠢欲动了。于是，赵王再次派使者到中山国，请求把阴简送给自己。

阴简是中山国国君最宠爱的妃子，被视为心中至宝。现在赵王要夺人所爱，中山国君哪里肯应。但如果不给，以赵王的气势必会报复中山国，很多百姓便要蒙难。

正当中山王左右为难、束手无策之时，司马熹恰如其时地向国君进谏说："启奏大王，臣有一个办法，既可以回绝赵国，又可以避免百姓遭受侵略之苦。"

国君一听十分高兴，忙问道："你有什么万全之策?"

司马熹回答说："您可以立即册封阴简为王后，这样赵王为了不过于丧失体面就不好意思再要人了。"

中山国君立即照办。就这样，中山国保全下来了，阴简也顺利地做了王后。

阴简因为司马熹向国君荐言册封自己为王后，不但不再忌恨司马熹，反而对他感激涕零，尊重有加。司马熹终于摆脱了困境。

帮助敌人，就能让我们减少一敌;而少一个敌人在这里就可以说是多了一个朋友。往往，由敌人转变而来的朋友，会比一般朋友对我们更好。因此，帮助敌人不但是保护自己，更是为自己找到更大的助力。

在当今社会中，战场上两军对阵、杀得你死我活的敌人已经不太常见，更多的是商场里的"冤家"和同行里的对手，正所谓"同行相嫉，文人相轻"。其实，这都是竞争所致。然而，正像达尔文物竞天择的进化法则所阐释的，竞争可以带来进步。

"敌人"可以时刻让我们保持警醒与精进;没有对手，就会松懈，"孤独求败"的高处不胜寒想必就是如此。足球场上的两队竞技，必先相互握手以示感谢后，才可开场;拳击赛开始时，选手要互相鞠躬致意，胜败分晓后还要握手言和;美国总统大选揭晓后，当选者第一件事就是要致电感谢落选的一方。可见，没有了"敌人"，我们的成绩便失去了很多色彩;而帮助敌人，则可以让我们自身更上一层楼。

真正大智者对于敌人，不但不消灭，反而培养对方成为激励自己上进、成长的对手。

培根曾经说过:"没有情人，会很寂寞;没有敌人，也是寂寞的。"人与人之间，有时候朋友可以成为敌人，有时候敌人也会成为朋友，区别就在于我们看人的角度和做人的态度。

然而，朋友可以是永久的朋友，敌人却不要成为永久的敌人:

计较、嫉妒、记恨：人生的三大敌人

凡是能化敌为友的，必是胸怀韬略、大智若愚之人。

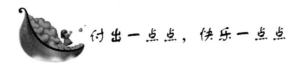

付出一点点，快乐一点点

美国舒勒博士在他《快乐的态度》中揭开了永远快乐的秘诀，其中之一就是：热心帮助别人。如果想获得真正的快乐，那么就要学会不计回报地为他人付出。从个人的利益圈中跳出来，关心他人，奉献社会。付出意味着发自内心、超越自我的一种持续的快乐，它的长久来自于对过程的体验。正所谓"予人玫瑰，手留余香"，一个懂得付出和给予的人，不仅能温暖照亮他人的路，也会滋润自己的心。

学会付出是美好人性的体现，一个懂得付出和给予的人不仅能温暖别人的内心，而且也会滋润自己的灵魂。付出意味着发自内心、超越自我的一种持续而长久的快乐。正如罗曼·罗兰说的："快乐和幸福不能靠外来的物质和虚荣，而要靠自己内心的高贵和正直。"

在一个偏远的村落里，有一条崎岖的小路，这是人们每天干完活从山上回家的必经之路。到了晚上，没有路灯的道上一片漆黑，人们经常会因为看不清而相互撞到。据说，在每天下山的人群中，有一个盲人，每天都会打着灯笼回来。一位僧人听说后，便想来此一探虚实。

僧人在天色已黑的时候从那条路往下走，途中因为光线不好，被行人撞了好几下。忽然听到旁边有人说："这个盲人真奇怪，明明看不见，却每天晚上打着灯笼！"

僧人被那个人的话吸引了。等那个打灯笼的人走过来的时候，他便上前近距离地看了一看，那人真的是双目失明了。可是僧人仍然不解心中疑虑，便问道："你真的什么也看不见吗？"

盲人说："是啊，我从生下来就没有见到过一丝光亮，对我来说白天和黑夜是一样的。"

僧人被这话弄得更加一头雾水："既然如此，你为什么还要打着

65

灯笼呢？是想让别人觉得你可以看见路吗？"

"不是的"，盲人笑笑说，"我听别人说，每到晚上，这条路上都没有灯光，人们都变成了和我一样的盲人。"

"哦，原来如此"，僧人不禁对眼前的这位盲人肃然起敬："你是如此善良地为了别人啊！"

这时，盲人却严肃地回答说："不是，我是为了自己！"

僧人简直陷入了这位盲眼人的"迷圈"之中。盲人似乎感觉到了对方的疑惑，接着问："一路走来，你有没有被人撞到过？"

僧人说："有啊，就在刚才，我被两个人不小心碰到了胳膊，现在还疼呢。"

盲人不急不躁地说："这就是了。我虽然什么也看不见，但却从来没有被人撞到过。因为我的灯笼既为别人照了亮，也让别人看到了我，这样他们就不会因为看不见而碰伤我了。"

盲人为别人照亮了路，却也因此避免了被撞到。一个懂得付出的人，在给予别人的时候，不仅得到了别人的尊重与爱戴，而且自己的心灵也得到了释放与净化。

但很多时候，有些人付出了却仍旧感受不到快乐，是因为他在潜意识里就要求接受者的回报，就在"索取"另一种形式的得到。这种功利化的付出并不是从内心涌动出来的善，它被复杂的世事算计得不再简明而单纯，所以自然也就快乐不起来。

人的一生，为他人付出的越多，心灵就越富足，就越会获得坦荡、自若的生活。心灵富足的人必会爱人。因为爱就是给予，爱就是富足，爱就是宽广，爱就是一切。付出、奉献、分享和帮助，这是我们真正的立身之本。只要我们养成习惯，我们就会拥有越来越多的可付出、可分享、可给予和可帮助。付出一点点，生活就会变得充满了爱意的快乐；付出越多，快乐也就越多。

感动中国人物丛飞，十年以来倾其所有资助失学儿童和残疾人，累计捐款捐物 300 余万元，而自己却一直过着清贫的生活；

同样是感动中国的洪战辉，面对不幸、贫穷与孤苦，顽强坚持十余载，终于使父亲病情好转，妹妹健康成长，自己考上大学，全家人重新团聚；

16 岁的谢芳秋，为了救一名非亲非故的聋哑人而落下了终身残疾，事后，不顾自己的伤痛，还依然惦记着那位被救的聋哑人；

还有太多这样的"普通人"，他们甘于付出，乐于付出，哪怕付出的是生命。他们的行动让我们懂得：付出其实不需要理由，它往往是在不经意间，用一日又一目的坚持，构筑了一份感动，成就了一种伟大。

而更多的付出其实就在我们日常生活中，如举手般简单易行。哪怕再小、再短暂，也同样可以让快乐直沁心脾：主动搀扶过街的盲人、向贫困灾区伸出援助之手；而更多的，是关心自己身边的亲人，逢年过节的一声问候；关注周围的新老朋友，逢喜表祝贺、遇挫传鼓励……也许，我们不经意的举动在别人的心中，就已经盛开起鲜艳动人的花朵。

予人玫瑰的手上总留有一缕芳香，在浓郁的玫瑰香中，彼此都得到了快乐。不求索取，不求回报。这样，人人都有了玫瑰，人人的手上都有了玫瑰的馨香。在生活的花园中播撒爱心的种子，孕育出的便是生生不息的感念，收获到的便是淡雅如菊的安详。

第三章 摒弃记恨： 人生太短暂，莫起记恨心

67

第四章　摒弃自卑：人生最大的错误是自卑

　　世上大部分不能走出生存困境的人都存在信心不足的问题，他们就像一棵脆弱的小草一样，毫无信心去经历风雨，这就是可怕的自卑心理在作怪。

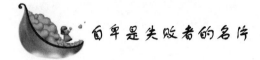
自卑是失败者的名片

世上大部分不能走出生存困境的人都存在信心不足的问题，他们就像一棵脆弱的小草一样，毫无信心去经历风雨，这就是可怕的自卑心理在作怪。所谓自卑，就是轻视自己，自己看不起自己。自卑心理严重的人，并不一定是其本身具有某些缺陷或短处，而是他们不能接纳自己，自惭形秽。他们常把自己放在一个低人一等，不被自我喜欢，进而演绎成别人也看不起自己的位置，并由此陷入不能自拔的痛苦境地，心灵笼罩着永不消散的愁云。

自卑的人，情绪低落，郁郁寡欢，常因害怕别人看不起自己而不愿与人来往，只想与人疏远，缺少朋友，顾影自怜，甚至自疚、自责、自罪；自卑的人，缺乏自信，优柔寡断，毫无竞争意识，抓不住稍纵即逝的各种机会，享受不到成功的乐趣；自卑的人，常感疲劳，心灰意懒，注意力不集中，工作没有效率，缺少生活情趣。

如果一个人总是沉迷在自卑的阴影中，那无异于给自己套上了无形的枷锁。但是如果他能够认清自己，懂得换个角度看待周围的世界和自己的困境，那么许多问题就会迎刃而解。

从前，有个长发公主，她头上披着很长很长的金发，长得很俊很美。公主自幼被囚禁在古堡的塔里，和她住在一起的老巫婆天天念叨公主长得很丑。公主也坚信自己是个丑陋的姑娘，她为自己的容貌而深感自卑。

一天，一位年轻英俊的王子从塔下经过，被公主的美貌惊呆了，从这以后，他天天都要到这里来，一饱眼福。公主从王子的眼睛里看清了自己的美丽，同时也从王子的眼睛里发现了自己的自由和未来。有一天，她终于放下头上长长的金发，让王子攀着长发爬上塔顶，把她从塔里解救了出来。

其实，囚禁公主的不是别人，正是她自己，那个老巫婆是她心里迷失自我的魔鬼，她听信了魔鬼的话，以为自己长得很丑，不愿

计较、嫉妒、记恨：人生的三大敌人

见人，就把自己囚禁在塔里。

自卑常常在不经意间闯进我们的内心世界，控制着我们的生活，在我们有所决定、有所取舍的时候，向我们勒索着勇气与胆略；当我们遇到困难的时候，自卑会站在我们的背后大声地吓唬我们；当我们要大踏步向前迈进的时候，自卑会拉住我们的衣袖，叫我们小心地雷。一次偶然的挫败就会令自卑的你垂头丧气，一蹶不振，甚至将自己的一切否定，你会觉得自己一无是处，窝囊至极，你会因为自卑而掉进自责、自罪的漩涡。

自卑就像蛀虫一样啃噬着你的人格，它是你走向成功的绊脚石，是你快乐生活的拦路虎。

一个人如果自卑，他不仅不敢有远大的目标，同时他将永远不会出类拔萃；一个民族和国家如果自卑，那么它只能当别国的殖民地，站不起来，也不敢站起来，只能跟在别国身后当附庸品。

自卑是一种压抑，一种自我内心潜能的人为压抑，更是一种恐惧，一种损害自尊和荣誉的恐惧。所以在生活中，我们只有比别人更相信并且珍爱自己，我们才能发挥自己最大的潜力，创造出属于自己的天地。当我们遭到冷遇时，当我们受到侮辱时，一定要自尊自爱，把羞辱作为奋发的动力，激励自己去战胜一个个困难。

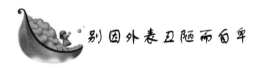

别因外表丑陋而自卑

相貌是先天的，我们无法为自己选择，但我们不能因为相貌微瑕就为此失去自信，世上的事都不是绝对的，有些外表不美但智慧美、心灵美的人同样可以以其精神面貌成为强者。

一个人的美与丑，并不在于一个人的本来面貌，而在于他的内心。

如果一个人自以为是美的，他真的就会变美；如果他心里总是嘀咕自己一定是个丑八怪，他果真就会变成尖嘴猴腮，目瞪口呆，显出一脸傻相。

71

一个人如自惭形秽，那他就不会变成一个美人；同样，如果他不觉得自己聪明，那他就成不了聪明人；他不觉得自己心地善良，即使只是在心底隐隐地有这种感觉，那他也成不了善良的人。

有这么一个例子说明了其中的道理。

心理学家从一班大学生中挑出一个最愚笨、最不招人喜欢的姑娘，并要求她的同学们改变以往对她的态度。在一个风和日丽的日子里，大家都争先恐后地照顾这位姑娘，向她献殷勤，陪送她回家，大家以假乱真地打心里认定她是位漂亮聪慧的姑娘。结果怎样呢？不到一年，这位姑娘就出落得妩媚婀娜，姿容动人，连她的举止也同以前判若两人。她高兴地对人们说：她获得了新生。

确实，她并没有变成另一个人，然而在她的身上却展现出美丽，这种美只有当我们相信自己时，周围的所有人也才会相信。

战国时期的钟离春，是我国历史上有名的丑女。她双眼下凹、额头向前凸、鼻孔向上翻翘、头颅大、皮肤黑红、发稀少。虽然她的模样不是很令人满意，但她知识渊博，志向远大。当时执政的齐宣王政治腐败，国民穷困，"朝政大厦，顷刻将毁"。钟离春为了拯救国家，冒着杀头的危险当面向齐宣王陈述国之劣政，并指出若再不悬崖勒马就会城破国亡。齐宣王听后大为震惊，把钟离春看成是自己的一面玉镜。他认为有贤妻辅佐，自己的事业才会蒸蒸日上，正所谓妻贤夫才贵。这个身边美女如云的国王，竟把钟离春封为王后。

貌丑惊人的钟离春不以自己的容貌而自卑，用智慧美、品德美取代了相貌丑。她之所以那么大胆谏言，就是因为她自信。

自信能给强者勇气、力量和智慧，敢于做别人不敢做甚至不敢想的事；自信可以使一个坐在轮椅上的残疾人与健康的同龄人并驾齐驱；自信可以使一个靠打工起家的人成为富甲天下的老板……自信可以使人有骨气、挺起腰杆做人，面对强大的敌人毫无惧色，反而会使敌人胆怯。拥有自信是成大事的人的必备素质，自信是人一生中最宝贵的财富。

决定一个人美与否，主要不是外貌，而是心灵。一个人的外貌是无法选择的，而内在的美，却是可以由自己来塑造的。再美貌的女子，也无法牵住逝去的岁月，无法红颜永驻，而内心的美，却将随着岁月的增加和心灵的日益净化，越加显示它的光华，受到人们的敬重。

 ## 停止自卑，接受所有的缺陷与遗憾

俄国作家车尔尼雪夫斯基曾说："既然太阳上也有黑点，人世间的事情就更不可能没有缺陷。"也就是说，缺陷体现了有血有肉的真实与自然，反倒彰显了事物本身的魅力。

抱有完美的幻想，往往容易把简单的问题复杂化。最后只得沮丧、羞愧地承认自己达不到完美的标准，从而因受阻而感到无力与自卑。接受不完美的缺憾，才是客观和唯物的态度。如此，一切顺应规律，回归本初。

这个世界上所有的缺陷与遗憾都是"被上帝咬过一口的苹果"，这样的比喻是何等的新奇而幽默，又是怎样的善解人意。

有一个从小就双目失明的孩子，一直为这一缺陷而倍感沮丧。他悲观地认为自己这两只眼睛从一开始就是不完美的，且再也没有能力扭转。于是，他放弃了任何追求，浑浑噩噩地消度人生。

某日做梦，偶遇一位智者，开导他说："世上每一个人都是被上帝咬过一口的苹果，都是有缺陷的人。有的人缺陷比较大，是因为上帝特别喜欢他的芬芳。"

盲孩子突然从梦中惊醒，恍然大悟，心情顿觉开朗起来。从此，他把失明看作是上帝对自己的特殊偏爱，振作奋斗，不断向命运挑战。后来，他成为了一名远近闻名的优秀按摩师，为许多人解除了病痛。

人类历史上有太多的天才俊杰都"被上帝咬过一口"：失明的文学家弥尔顿，失聪的大音乐家贝多芬，不会说话的天才小提琴演奏家帕格尼尼。也许，由于上帝的特别喜爱，他们都被狠狠地"咬了一大口"。

其实，追求完美本身并无可厚非，我们可以把它视作一种浪漫的憧憬与希望，或是生活的一个过程和体验。但如果把浪漫凌驾于现实之上，把幻想寄托于现实之外，一味地追求某种超越人生现实的终极完美，那么，自我人生悲剧的序曲也就开始奏响了，接下来的生活必将在一种虚无的痛苦中凌迟自己的生命之躯。

我们生活的目的在于发现美、创造美、享受美。紧紧盯着完不成的极限、遥不可及的梦想，最后，只能抓狂在自己的苛求中，备受折磨。

对于我们人类而言，提倡这种"美中不足"是符合自然规律的。从某种意义上讲，人是"没有完成"的动物。而未完成则是一种人生的常态，也是一种积极的心态。生活中有很多的遗憾和缺陷，如能以积极健康的心态来面对，也不失为人生的另一种完美。

曹雪芹写完《红楼梦》的第一稿后，万没想到竟然不慎遗失，其遗憾之深足以让他悲痛欲绝。不得已，第二稿才得以问世，可最后留下来的也仅仅是前八十回而已。

舒伯特的交响曲《未完成》只有两个乐章，明显不同于一般至少有三到四个乐章的交响曲。后人一再试图续写，却终告失败。值得玩味的是，这"未完成"的曲子在古典音乐史上却比任何"完成"都被认为更接近完美。

由此，我们可以说：对完美抱有片面的幻想，便不免要走向狭隘。这不仅是对自己，也是对他人。因为当我们总是想着要做到最好的时候，也就不知道该如何下手了。或者犹豫不决，或者专注于细节而忽略全局，往往不能清晰地审辨自身所处的环境，极易忽略现实生存环境对自身的影响，从而使自己徘徊、挣扎于现实与理想之间而难以自拔，甚至沦丧。

对凡事都有完美意识的人，往往也会要求他人他物达到自己心中拟定的理想标准。当这种要求不能达到时，便会产生痛苦和偏见，使自己孤立于超完美意识的藩篱之中，同样沉沦不拔。

我们应该认识到，一个人若真的达到"完美"了，从某种意义上说，便是一躺怜的人。因为他永远无法体会有所追求、有所希望的感受；也永远无法体会接收到别人带给他一直梦寐以求的东西时的喜悦。

正所谓"水至清则无鱼，人至察则无徒"。就像在文物鉴赏领域，有这样一个普遍而简单的道理：鉴别一件宝物是真品还是赝品，其中一点就要看它有没有瑕疵；真正天然形成的宝物或多或少都要有点遗憾之处，而非人工仿制的那样完美无缺。

事物的发展、演变都有其自然性和规律性，正如春光苦短，夏日暑长，秋季萧瑟，冬风凛冽，一年四季都会有遗憾。那么，在漫长的人生道路上，也不可能总是一马平川。正是有了沟沟坎坎、挫折打击这些"残缺"，我们到最后才可以说："人最宝贵的是生命，生命对于每一个人只有一次。人的一生应当这样度过：当回首往事时，不因虚度年华而悔恨，也不因过去的碌碌无为而感到羞耻……"

人人都会有不足，生活中总会有缺憾。当你还执著于完美的追求而不肯放弃时，不妨想想"每个人都是被上帝咬了一口的苹果"这句话。不必对自己求全责备，心宽了，很多事情就简单了，生活也就变得明朗起来。希望下面这句话能够带给正在读此篇文章的你一种慰藉与鼓舞，每当纠结于自我内心而混乱时，默念，便会感到一种力量：我拥有的就是最好的，因为这是我能得到的。

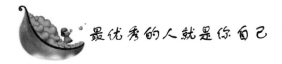

最优秀的人就是你自己

风烛残年之际，柏拉图知道自己时日不多了，就想考验和点化一下他那位平时看来很不错的助手。他把助手叫到床前说："我需要一位最优秀的传承者，他不但要有相当的智慧，还必须有充分的信心和非凡的勇气……这样的人选直到目前我还未见到，你帮我寻找和发掘一位好吗？"

"好的，好的。"助手很温顺、很诚恳地说，"我一定竭尽全力去寻找，以不辜负您的栽培和信任。"那位忠诚而勤奋的助手，不辞辛劳地通过各种渠道开始四处寻找了。可他领来一位又一位，都被柏拉图一一婉言谢绝了。有一次，病入膏肓的柏拉图硬撑着坐起来，

75

抚着那位助手的肩膀说："真是辛苦你了，不过，你找来的那些人，其实还不如你……"

半年之后，柏拉图眼看就要告别人世，最优秀的人选还是没有眉目。助手非常惭愧，泪流满面地坐在病床边，语气沉重地说："我真对不起您，令您失望了！""失望的是我，对不起的却是你自己，"柏拉图说到这里，很失望地闭上眼睛，停顿了许久，又不无哀怨地说："本来，最优秀的人就是你自己，只是你不敢相信自己，才把自己给忽略、给耽误、给丢失了……其实，每个人都是最优秀的，差别就在于如何认识自己、如何发掘和重用自己……"话没说完，一代哲人就永远离开了这个世界。

那位助手非常后悔，甚至整个后半生都在自责。

助手因为自卑而不敢相信自己的能力，结果造成了永远的遗憾。

其实，自卑并不可怕，自卑的情绪谁都会有，只是或多或少、或早或晚的区别。真正可怕的是被自卑所操纵，迷失了自我。只要我们相信自己，不断作出成绩来证明自己，就可以摆脱自卑的困扰。

10多年前，他从一个仅有20多万人口的北方小城考进了北京的大学。上学的第一天，与他邻桌的女同学第一句话就问他："你从哪里来？"而这个问题正是他最忌讳的，因为在他的逻辑里，出生于小城，就意味着小家子气，没见过世面，肯定会被那些来自大城市的同学瞧不起。

就因为这个女同学的问话，使他一个学期都不敢和同班的女同学说话，以致一个学期结束的时候，很多同班的女同学都不认识他！很长一段时间，自卑的阴影占据着他的心灵。最明显的体现就是每次照相，他都要下意识地戴上一副大墨镜，以掩饰自己的内心。

20年前，她也在北京的一所大学里上学。大部分日子，她也都在疑心、自卑中度过。她疑心同学们会在暗地里嘲笑她，嫌她肥胖的样子太难看。

她不敢穿裙子，不敢上体育课。大学生活结束的时候，她差点儿毕不了业，不是因为功课太差，而是因为她不敢参加体育长跑测试！老师说："只要你跑了，不管多慢，都算你及格。"可她就是不跑。她想跟老师解释，她不是在抗拒，而是因为恐惧，恐惧自己肥胖的身体跑起步来一定非常愚笨，一定会遭到同学们的嘲笑。可是，她连向老师解释的勇气也没有，茫然不知所措，只能傻乎乎地跟着老师走。老师回家做饭去了，她也跟着。最后老师烦了，勉强算她及格。

在最近播出的一个电视晚会上，她对他说："要是那时候我们是同学，可能是永远不会说话的两个人。你会认为，人家是北京城里的姑娘，怎么会瞧得起我呢？而我则会想，人家长得那么帅，怎么会瞧得上我呢？"

他，现在是中央电视台著名节目主持人，经常对着全国几亿电视观众侃侃而谈，他主持节目给人印象最深的特点就是从容、自信。他的名字叫白岩松。

她，现在也是中央电视台著名节目主持人，而且是第一个完全依靠才气而丝毫没有凭借外貌走上中央电视台主持人岗位的。她的名字叫张越。

原来是他们，原来他们也会自卑，原来自卑是可以彻底摆脱的。

"相信自己，我就是主宰"，这是成功人士的座右铭。我们现在可能不是想象中的某种"人才"，但也要相信自己有潜力成为那样的人。自卑于现状裹足不前的人，永远不可能成就自己。只有自信的人才会努力塑造自己，向着成功迈进。

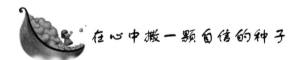

在心中撒一颗自信的种子

自卑自贱的观念，往往导致人不思进取、自甘平庸。世上有很多自卑的人，他们以为自己的地位太低微，别人所有的种种幸福是不属于他们的，他们是不配享有的；以为他们是不能与那些伟大人物相提并论的；以为世界上最好的东西，不是他们这一辈子所应享有的；以为生活上的一切快乐都是留给一些命运的宠儿来享受的。这样，他们当然就不会有出人头地的观念了。许多人，本来可以做大事、立大业，但实际上却做着小事、过着平庸的生活，原因就在

77

于他们没有坚定的信心。

军队的战斗力在很大程度上取决于士兵们对统帅的敬仰和信心。如果统帅抱着怀疑、犹豫的态度，全军便要混乱。据说拿破仑亲率军队作战时，同样一支军队的战斗力，便会增强一倍。拿破仑的自信，使他的军队所向披靡。

有一次，一个法兰西士兵骑马为拿破仑送来一份战报。因为路上赶得太匆忙，到达终点时，马跌了一跤，死掉了。拿破仑立刻下马，叫士兵骑了自己的坐骑火速赶回前线。这个士兵看看那匹雄壮的坐骑及它的华丽的马鞍，不觉脱口说："不，将军，对于我一个平常的士兵，这坐骑实在太高贵、太好了。"拿破仑回答说："世界上没有一样东西，是法兰西士兵所不配享有的！"

世上所有困难最大的敌人是人的自信，自信能让人产生强烈的成功欲望，并因此加倍努力去争取。因为自信，我们会觉得浑身充满了力量；因为自信，我们会藐视一切暂时的艰难险阻；因为自信，我们的生活会更幸福；因为自信，我们的生命会更精彩。

自信是人生不竭的动力，它能帮你战胜自卑和恐惧。你相信自己会成为什么样的人，并且去做了，你就会成为你所希望的那个人。

自信的人，不会自卑，不会贬低自己，也不会把自己交给别人去评判。自信的人，不会逃避现实，不会做生活的弱者，他们会主动出击，迎接挑战，演绎精彩人生。自信的人，不会跟自己过不去，只会鼓励自己向前进。他们会既承担责任，又缓解压力，他们会在生活的道路上游刃有余，笑看输赢得失。

一位画家把自己的一幅佳作送到画廊里展出，他别出心裁地放了支笔，并附言："观赏者如果认为有欠佳之处，请在画上标上记号。"结果画家去看时，画面上标满了记号，几乎没有一处不被指责。过了几日，这位画家又画了一张同样的画拿去展出，不过这次附言与上次不同，他请每位观赏者将他们最为欣赏的妙笔都标上记号。当他再取回画时，看到画面又被涂满了记号，原先被指责的地方，却都换上了赞美的标记。

用正确的观点看待自己的人，就能在任何情况下都不会迷失自己，都会有完全的自信，永不受他人操纵。

计较、嫉妒、记恨：人生的三大敌人

　　自信的力量不容忽视，自信是成功的必要条件。然而，自信说起来容易，做起来难。我们不能让自信仅仅停留在想象的层面，还要成为自信的实践者。要成为自信者，就要像自信者一样去行动。也许，很多时候，我们总是迟迟不敢去行动，不敢踏出那战胜困难、战胜自己的第一步，而就让这些事一直拖着，让它们一直搁浅在我们的生命历程里，停滞不前。其实这就是一种逃避，一种对困难和现实的逃避。可是逃避不能解决任何问题，如果我们始终不去面对，这些困难就会始终存在着，问题就始终得不到解决，它们会压在我们心里，甚至让我们感觉到难以呼吸。

　　自信是一种心理状态，是可以培养的。自信意味着自我激发，它是一种内在的火种，一种流动快捷的自我肯定。

　　1. 在心中描绘一幅成功蓝图，然后不断地强化这种印象，使它不致随着岁月的流逝而消退模糊。此外，相当重要的一点是，切莫设想失败，亦不能怀疑此蓝图实现的可能性。因为怀疑将会对实践构成危险性的障碍。

　　2. 当你心中出现怀疑自身力量的消极想法时，要驱逐这种想法，必须设法发掘积极的想法，并将它具体地说出来。

　　3. 为避免在你的成功过程中构筑障碍物，所以对可能形成障碍的事物最好不予理会，最好忽略它的存在。至于难以忽视的障碍，就下一番工夫好好研究，寻求适当的处理良策，以避免其继续存在。不过，最好彻底看清困难的实际情况，切勿夸张，以免使其看起来显得更加困难。

　　4. 不要受到他人的威信影响而试图仿效他人，须知唯有自己方能真正拥有自己，任何人都不可能成为另一个自己。

　　5. 寻找对你了如指掌且能有效提供忠告的朋友。你必须了解自卑感或不安感的来源。虽然这个问题往往在你的少年时期便已发生，但了解它的来源将使你对自己有所认知，并帮助你获得援救。

　　6. 正确评估自己的实力，然后多加一成，作为本身能力的弹性范围。避免形成本位主义是必要的，但是适度地提高自信心也是相当重要的。

　　让我们从今天开始，拿出十二分的勇气来，切切实实地面对那些困难，把那些在心里默默下了很多次决心而又未果的事摆到桌面上来，不再给自己任何逃遁的机会和余地，认真地部署计划，对自己说一句："我能行！"然后迈开行动的第一步。相信自己，有了第一步，就会有第二步，接下来就要迎接成功的曙光了。

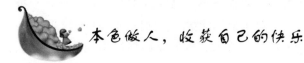

本色做人，收获自己的快乐

某励志书的作者在揭示生命中的磁石时说："对于你来说，没有什么限制，除非是你自己强加给自己。你就像鸟儿一样，你的思想可以从任何障碍物上飞过，除非你将限制加之于上而束缚它们，或囚禁它们，或剪断它们的翅膀。"

这种限制就是众人之口。让每个人都满意，显然是不符合客观规律的。一是由于个体的差异性，所谓众口难调；另外，自身的局限性也决定了我们的不完美。如果不根据自己的实际情况，具体问题具体分析，而一味地迎合不同人的不同意见，最终只会落得竹篮打水一场空的结果，就像这个故事中的农夫：

一位农夫带着他的小儿子，赶着一头驴到邻村的集市上去卖。

没走多远，就看见不远处有三五个女孩聚在一起，对他们指指点点。一个姑娘大声说："嘿，快瞧，还有这样的傻瓜，有驴子不骑，宁愿自己走路。"农夫听到这话，立刻让儿子骑上驴，自己高兴地在后面跟着走。

不久，他们又遇见一群老人。只见这些人正在激烈地争执："啧，你们看见了吗，如今的老人真是可怜。让懒惰的孩子骑着驴，自己都这把岁数了，却在地上走。"农夫听见这话，连忙叫儿子下来，自己骑上去。

走了一半的路程时，路边有一群妇女和孩子，七嘴八舌地对他们喊着："嘿，你这个狠心的老家伙！怎么能自己骑着驴，让可怜的孩子跟着走呢？"农夫闻声，赶紧叫儿子上来，和他一同骑在驴的背上。

快到市场时，一个城里人对身边的人说道："哟，瞧这驴多惨啊，竟然驮着两个人，真怀疑这是不是他们自己的驴。"另一个人插嘴说："哦，谁能想到他们这么骑驴啊！依我看，不如两个人驮着驴子走。"农夫和儿子又急忙跳下来，用绳子捆上驴的四条腿，找了一根棍子把驴抬了起来。

就这样几经更换，这对父子卖力地抬着驴走向集市。在通过闹市入口的小桥时，又引起了桥头上一群人的哄笑。驴子受了惊吓，挣脱了捆绑撒腿就跑，不想却失足落入了河中。

农夫最终又恼怒又羞愧地空手而归。

如此把这样的故事讲出来，似乎十分可笑。然而，这种任由别人支配自己行为的事情并非只在故事里出现。生活中我们常常因为别人的不满意而烦恼不已，费尽心思迎合每一个人。他人要求怎么做就怎么做，谁抗议就听谁的。我们小心翼翼过活，唯恐有一个人不满意。但结果还是会有人不满意，所以我们为此又开始劳心伤神。

希望拥有和谐的人际关系，希望在这个社会中如鱼得水，这几乎是所有人的愿望。但我们不可能让每一个人都满意，不可能让每一个人都对我们展露笑容。通常的情况是，我们以为自己照顾到了每一个人的感受，可还是有人不满，甚至根本不领情。原因就在于，世界之大社会之杂，各人的价值观念不同，每个人的利益也非一致，如此，立场与感受自然也就不同。面面俱到是不可能，也是不需要的。

其实我们应该认识到，众口难调本就是人类的自然属性。美国著名心理学家马斯洛认为，每个人都有归属和自尊的需要。表现在每一个体身上，就是希望自己能得到别人的认可，希望别人能给自己肯定和积极的论述。如此看来，在乎别人对自我的评价，也是件很正常的事。

关键在于，是把他人的意见当成参考的佐证，还是为了获得满意而"三易其道"。知道自己的路，明辨所追求的目标，笃定地踏实每一步。也正是因为这种简单的坚持，才使得心无杂念，思想空灵，一切变得简单而易行。

古今中外对此早有论断，并且存有某种默契的一致。西方文艺

81

说：一千个读者眼中就有一千个哈姆雷特；东方民俗言：萝卜青菜，各有所爱。

我们或者委曲求全，或者甘于现状，或者平凡如己，或者胸怀天下——但总会遇到一点不可改变的是：因为承担着"白菜"的角色，势必会或多或少地遭到"萝卜们"的不满。变成萝卜吗？不可能，也没有那个必要。

由此想到一句网络诳语："治一种病的药是好药；治多种病的药是止痛片；包治百病的药是假药；药到病除的是毒药。"这话说得也许过于极端，但也可以从另一侧面说明一个道理：凡事做到百分之百的"一边倒"，就假了，也就不简单了，就劳神费心了，就不轻松了，也就抑郁沉闷了。

所以，当众口难调时，别忙着改变自己，附和他人的口味。重要的是，要活得认真，做得真实。

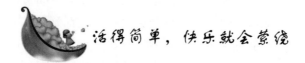

活得简单，快乐就会萦绕

不必再抱怨生活的阴晴圆缺，世事变幻本非人力所能及，又何必为此杞人忧天？活得简单，再简单点，快乐就会萦绕。

"花儿为什么会开？"这是一名幼儿园老师出给小朋友们的题目。"标准答案"是：因为天气变暖和了。

而孩子们的声音是："花儿睡醒了，它想看看太阳。""花儿一伸懒腰，就把花朵给顶破了。""花儿想伸出耳朵听听，小朋友在唱什么歌"……

幼小的心灵之所以幻想无边，是因为他们不受拘束。也许，我们也曾经有过这样多彩的答案，也曾经幻想着把它保留下来，但随着生活中一个个无情而醒目的大叉在诸如"阳光很活泼""雪化了是春天"上印下，多边形也就都变成了没有棱角的圆。

如果现在的你听到这样的说法都会因为觉得生动而感慨的话，那么也许，童心真的正在离你远去。但同时，别悲伤——心会动，就说明它还是鲜活的，还有唤回童心的希望。

　　的确，大多数人都会把"无忧无虑""快乐"这样的词语和童年所联系，那时的纯洁、天真和欢笑是那么地令人怀念。长大以后，生活变得复杂艰辛，忙忙碌碌占据了时间的大部分，生活在千篇一律的轨道中度过。闲暇越来越少，压力越来越大，连微笑都成了奢侈品。我们一个人孤独地站在这个世界上，端着架子，还要梗着脖子。奋斗到最后，有可能还会无奈地发现，一直以来苦心经营、孜孜以求的，竟不是我们真正想要的生活。

　　原来，一切都被我们复杂化了。

　　许多事情是不需要经过轰轰烈烈才可以获得享受的。回归童心，便是简单处事，获得最自然、最真实的快乐。我们往往容易忽略手边最容易获得的快乐方式，比如重新拿起画笔，再次放声歌唱，与家人下一盘飞行棋；任由想象天马行空，不拘泥于现实，不羁绊于年龄，心灵回到思无邪，一切带到人之初。如此赤子之心，简单地来，简单地往，就能体会到生活在"浪荡"中显露出的情与趣。

　　"你必须保持童心。"说这话的，是那个从小被老师骂为"差生"、那个当年大胆创办《童话大王》的"童话级人物"郑渊洁。在20多年的创作生涯中，尽管也曾遭到非议，但郑渊洁始终都保持着一颗不泯的童心。

　　郑渊洁爱狗是出了名的，他的著名童话作品《大灰狼罗克》便是以他的第一条爱犬为原型创作的。为此，他特意把家从城里搬到了远郊。有次应朋友之邀去客串电视剧，一场哭戏怎么也过不了，不是表情做作就是没有眼泪。情急之下，郑渊洁想起了之前死去的一条爱犬，一下就难过得不行，失声痛哭，等镜头拍完了都停不住。

　　他认为，保持童心似乎不是一件可望而不可即的事情，成长的历练和岁月的侵蚀是不会带走人的好奇心和童真心的。他曾说："我的想象力和童心似乎永远不会枯竭，因为这些都来自于广博的生活之中。在生活中，像加油、验车这样的日常琐事我全都自己去做，不找别人替代，因为我要接触真实的生活。我有来自各行各业的很多朋友，我也可以从这些朋友身上观察生活。"

　　每一个人都是从童年走过。童年的心，一张白纸般天真无邪，对世界充满爱；童年的心，纯真而可人，对眼前景物求新，对世间事物求奇，因而勤观察好追究，打破沙锅问到底。以童心看世界，春风暖，夏雨凉，秋高气爽，冬雪融融，日出月落皆有意，红花绿草皆含情。因而，在童心的境界里，无纷争，无怨恨；没有名利扰攘，没有你争我夺。即使偶尔碰撞也会风吹乌云散，雨后见彩虹。这样的时光，又怎会不快乐？

许多悲观的人相信，生命是一件绝对严肃的事情，所以他们坚持把欢乐压抑下去。我们也常以为傻里傻气的"孩子行为"是心态和思想上的不成熟。因此，就有了世界上太多过于痛苦地纠结，过于认真的较劲。

有时就是一盆水孩子也会玩上半天，装了又倒，倒了又装，周而复始，不知疲倦。如此简单重复的动作，对于孩子而言，他们从中找到了自己的乐趣，所以能享受很长时间。但对于成年的我们，工作就像倒过来倒过去的水一样，被看作是简单无聊的。可如果我们也能充满童心，从中发现事物本身的情趣，想必也会像孩子一样乐在其中，再不会感到枯燥乏味了。

其实，往往生活在"游戏世界"里的儿童才是真正的"贵族"。他们总是心无旁骛，浑然忘我地沉浸在事物本身之中，在自由的生活里尽情地挥洒。可是，生活中真的有那么多"游戏世界"吗？没有。但以童心看世界，就可以让想象的翅膀不会折断，可以让复杂的问题简单化。而这种率真，就足以让这个多彩的世界从此不再褪色。

挖掘特长，做他自信能成功的事

打工女皇吴士宏曾说："发挥长处，不克服短处！每个人的长处和短处都是与生俱来，对于领导者来说，没有必要自卑。"这看似偏颇的一句话却证实了一个不争的事实：好钢用在刀刃上，才能发挥其最为锋利的特性；专注在那些发展顺利的事情上，才能让我们享受到成功的"优先权"。那些取得成功的人，不是因为他们的完美而辉煌，而是由于他们能把自卑转化为自信的明智。"英雄就是做他自信能成功的事"，在能做的领域发展，才会更加顺利；专注于此，成功便不再复杂。

众所周知，顺利的愉悦远比从逆境中崛起带给人更多的鼓舞。有时，我们标榜克服困难、挑战极限，从中体味英雄主义般超越自我的"悲壮"。但静心沉思，有时候是我们人为地把本来简单的事情"演绎"得复杂了。三百六十行，难道我们真的无法在任何一个领域里发展得较为顺利吗？挖掘并应用自己的长处，专注在顺利的事情上，在化繁为简的过程中，便自然能收获到成功的喜悦。

办企业可以获得成功，进行金融投资也可以获得成功。他们的成功来自于对自己实力的了解和把握。办企业的人没有去炒股，或者投资房地产，那是因为他知道自己的能力范围是办企业，其他的领域就是他极限范围之外了；进行金融投资的人没有去办企业，那也是因为他们只做自己能做的事。不仅是个人创业能够成为英雄，给别人打工的人如果在个人岗位上发挥了自己的极限，同样可以成为本行业内的英雄。

真正的英雄不是无所不能的，他们懂得保存自己的实力，不参与无谓的纷争。只瞄准于对自身发展有利的顺境，只做自己能做的事。

巴菲特算得上是世界顶尖的投资大师。他管理运作伯克希尔公司已有 27 年的时间，他是任职时间最长的一位首席执行官。

然而当初，21 岁的巴菲特学成毕业，开始步入了社会的大舞台。在 27 岁之前，巴菲特尝试过无数的工作，每个工作他都做了相当一段时间，但是每一份工作都没有做出令人满意的成绩。

最终他凭借自己对数字的敏感进入了证券投资行业，并将自己的职业发展转向成为一名投资家。如今的伯克希尔公司已经成为巴菲特最有力的投资金融集团。

我们每个人做事的时候都会有自身最大的承受能力，专注在顺利的事情上，就是让自己所能达到的高度在最短的时间内发挥到极致。实际上，这与除繁就简有异曲同工之妙。最有效地逼近成功的方法，便是利用现有的优势，顺则发展，逆则舍弃。每个人都应该及时了解并承认自己的能力和局限，正所谓"当行则行，当止则止"。

一味地强求于自己自卑的事情上，就如同舍弃两点之间的直线，偏偏执拗于曲线前进一样。能够做到量力而为，恰到好处，就能使我们生活得更加自信。专注于顺利的事情上，内心便渐渐的不再自卑，像太阳下的聚焦般唯一而自信，以期用最简单的方式行驶出最优化的轨迹。

 失败是因为太急于成功

过于渴望成功，在心理学上有一个比较专业的说法：成就动机过大。关于成就动机的定义是指：个体追求自认为重要的、有价值的工作，并使之达到完美状态的动机，即一种以高标准要求自己力求取得活动成功为目标的动机。

"成就动机"适度，可激发人们未发挥出来的潜力；但如果过于强烈，反倒会让中枢神经因为精神长时间处于高度紧张的情况下而受到干扰，进而影响正常的行动力，甚至带来反作用。保持一颗平常心，不激进，不怠慢，想必功到便自然有成。

2008 年 8 月 17 日，北京奥运会 50 米气枪三姿决赛。

13 时 51 分，射击比赛还有一个人的最后一枪就将全部结束。截至此时，中国选手邱健利用最后这一枪逆转并赶超了乌克兰对手 0.1 环。1272.5 环的成绩足以保证他获得一块银牌。

而这最后一个没有完成比赛的人就是美国选手马修·埃蒙斯，在此之前，他的总成绩已领先第二名 4 环多。在所有人看来，金牌已经没有悬念，在这样世界顶级水平的角逐中，以他们的实力，一枪之中相差零点几环就应该算是个不小的差距了。也就是说，只要埃蒙斯的最后一枪打出 6.7 环——一个在步枪射击中的业余水平，金牌自然就会让他收入囊中。这对于一个射击名将来说，简直易如反掌。

在众人瞩目而又似乎显而易见的气氛中，埃蒙斯举枪、瞄准、击发。4.4 环！最终，中国选手邱健走上了最高领奖台。

顿时，全场以及屏幕前所有的观众都惊呆了！现场直播的解说词也足以有两三秒的凝滞。在一片不知所措的惊叹声中，时光一下逆流四年，回到了 2004 年 8 月 22 日的雅典马可波罗射击场，用解说员无奈的话说"历史总是惊人的相似"。

当时的比赛也是进行到了最后一枪，2 号靶位的埃蒙斯同样比到了最后一个击发，他只要得到不低于 7.1 环的成绩就能夺冠。但最后一声枪响后，子弹竟然飞到了 3 号靶位上——金牌最终属于中国选手贾占波。

四年一轮回，当埃蒙斯再一次出现在北京奥运会的决赛赛场上时，世人为其不屈不挠的精神所感动，并希望他能向世界证明自己是最棒的。埃蒙斯也果然不负众望，稳健地打完了前九枪而遥遥领先于所有对手。

然而，上帝再一次拨动了他的枪口，他终因最后一枪打出了4.4环、总排名第四而无缘奖牌。包括埃蒙斯自己在内的所有人都没有想到，噩梦就像幽灵一样，从雅典追到了北京。只是，"送礼"的对象从贾占波变成了邱健。

对于埃蒙斯来说，四年前的惨痛一幕，让其心理创伤久久无法平复，终究在四年后没有走出雅典奥运会脱靶的阴影。他太想成功了，太想在这个同样的项目中，战胜同样的环境来证明自己，因此才会在心理上出现如此巨大的波动。是自己的"心魔"，让埃蒙斯跨不过奥运会金牌这道坎。

对此，心理学专家甚至把其称之为"埃蒙斯魔咒"，意为过于渴望成功而造成紧张，致使很多人在关键时刻"掉链子"。其实，这种关键时刻的"魔咒心态"并不是运动员的专有病症。比如科学家即将完成一项研究了很多年的实验，却在最后一步的时候因为一个极小的错误，功亏一篑。往往，这样的失败都是由于人们对成功的过分渴望，反而给自己带来了难以逾越的心理压力。

生活中，这样的例子在大多数人身上都存在：台下准备得滚瓜

87

烂熟的主持词，一上台却忘得一干二净；和客户签一份重要合同，到了会场才发现，一切准确齐全，只是忘带了合同文本。如此看来，"埃蒙斯魔咒"其实处处可见。

行为是一种养成习惯，人们生活中的失败经历，会在潜意识里形成一种习惯性的条件反射。也就是说，又考试时、又登台时、又要签合同时，这种失败的"习惯"可能就会出现。这种状态下，人们的焦虑程度就会与行动目标的逼近成正比，即越是达成得准确、离成功越近，心中的焦虑也就越高，以致到最后难以自控，出现严重失常的表现。

我们往往抱着过于渴望成功的激进，实际上是一种太想抓住的欲望。由此而形成的过度紧张，常常导致了人们最终的失败。在长时间精神高度紧张的情况下，中枢神经的工作就会受到干扰，这势必会影响到当事人的注意力。把注意力只局限于成功或失败的结果上，人们脑海中便会幻化出许许多多假如失败后的复杂结果，思想便不再如以前只有一个简单目标时那样纯粹。

第五章　摒弃浮躁：别让浮躁成为人生绊脚石

　　浮躁，乃轻浮急躁之意。一个人如果有轻浮急躁的缺点，是什么事情也干不成的。

心浮气躁，欲速成则不达

浮躁，乃轻浮急躁之意。一个人如果有轻浮急躁的缺点，是什么事情也干不成的。

有则寓言，说的是宋国有个种田人，为了让自己田里的禾苗长得快一些，就下到田里把禾苗一棵一棵地往上拔。拔完回到家，他对家人说："今天累坏了，我帮助田里的禾苗长高了。"他的儿子听后，忙到田里去看，只见田里的禾苗全都枯萎了。

今天用来比喻强求速成反而坏事的成语"揠苗助长"，就源于这个故事。

急于求成是永远不会获得想要的效果的，只有脚踏实地才能获得最终的成功。

浮躁心理是造成人们做事目的与结果不一致的常见原因。具有浮躁心理的人，一味地追求效率和速度，他们通常是手脚比脑袋快，想到什么做什么，却往往不会考虑结果。他们常常会犯拔苗助长的错误，让自己所做的工作事倍功半，结果只能与成功背道而驰。

小付无论学什么都是半途而废。他曾经废寝忘食地攻读法语，但要真正掌握法语，必须首先对古法语有透彻的了解，而没有对拉丁语的全面掌握和理解，要想学好古法语是绝不可能的。

小付进而发现，掌握拉丁语的唯一途径是学习梵文，因此便一头扑进梵文的学习之中，可这就更加旷日废时了。

小付从未获得过什么学位，他所受过的教育也始终没有用武之地，但他的先辈为他留下了一些本钱。他拿出 10 万美元投资办了一家煤气厂，可造煤气所需的煤炭价钱昂贵，这使他大为亏本。于是，他以 9 万美元的售价把煤气厂转让出去，开办起煤矿来。可他又不走运，因为采矿机械的耗资大得吓人。因此，小付把在矿里拥有的股份变卖成 8 万美元，转入了煤矿机器制造业。从那以后，他便像一个内行的滑冰者，在有关的各种工业部门中滑进滑出，没完没了。

他恋爱过好几次，可是每一次都毫无结果。他对一位姑娘一见钟情，十分坦率地向她表露了心迹。为使自己能配得上她，他开始在精神方面陶冶自己。他去一所星期日学校上了一个半月的课，但不久便自动逃遁了。两年后，当他认为问心无愧、可以启齿求婚之日，那位姑娘早已嫁给了一个愚蠢的家伙。

不久他又如痴如醉地爱上了一位迷人的、有 5 个妹妹的姑娘。可是，当他上姑娘家时，却喜欢上了姑娘的二妹，不久又迷上了姑娘更小的妹妹，到最后一个也没谈成功。

正如小付困惑的那样，为什么自己付出那么多，却终究一事无成呢？答案很简单，小付总是这山望着那山高，急于追求更高的目标，而不懂得在一个既定的目标上下工夫。殊不知，摩天大厦也是从打地基开始的呀。

小付这种浮躁的心态只能导致他最后落个两手空空。

很多历史上的名人也用过求速成的方法，但在追求过程中，又转向了下苦功。例如，宋朝的朱夫子是个绝顶聪明之人，他十五六岁就开始研究禅学。而到了中年之时他才感觉到，速成不是创作良方。于是他坚信"欲速成则不达"这句话，之后狠下苦功，最后才获得了一定的成就。他有一句 16 字真言："宁详毋略，宁近毋远，宁下毋高，宁拙毋巧。"

为什么当今的人无法做到这一点呢？因为当前更多人信奉的是"随主流而不求本质"，在追求的过程中丧失了自己的目的性，不追求人生最根本的目的，转而追求一些形式上的成功。正如那句话所说的，瞬间的成就可以使人获得短暂的名利，但如果谈起永恒，无非只是皮毛之举。

"涓流积至沧溟水，拳石垒成泰华岑。"这一出自宋代陆九渊《鹅湖教授兄韵》的诗句劝喻人们：涓涓细流汇聚起来，就能形成苍茫大海；拳头大的石头累积起来，就能形成泰山和华山那样的巍巍高山。只要我们勤勉努力，持之以恒，那么不论自身条件与客观条件如何，都能走上成才建业之路。

所以，在生活中如果我们想取得成功，就必须静下心来，摆脱速成心理的牵制，看清人生最根本的目的，一步一个脚印地走下去。

只有这样，我们才能达到自己的目的，最终走上成功的道路。

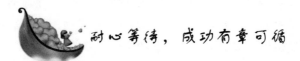

耐心等待，成功有章可循

在现实生活中，常有人犯浮躁的毛病。他们做事情往往既无准备，又无计划，只凭脑子一热、兴头一来就动手去干。他们不是循序渐进地稳步向前，而是恨不得一锹挖成一眼井，一口吃成胖子。结果呢，必然是事与愿违，欲速则不达。

古时候有兄弟二人，很有孝心，每日上山砍柴卖钱为母亲治病。神仙为了帮助他们，便教他们二人，可用 4 月的小麦、8 月的高粱、9 月的稻、10 月的豆、12 月的雪，放在千年泥做成的大缸内密封 49 天，待鸡叫 3 遍后取出，汁水可卖钱。兄弟二人各按神仙教的办法做了一缸。待到 49 天鸡叫 2 遍时，老大耐不住性子打开缸，一看里面是又臭又黑的水，便生气地洒在地上。老二坚持到鸡叫 3 遍后才揭开缸盖，里边是又香又醇的酒，所以"酒"与"洒"字差了一小横。

当然，酒字的来历未必是这样。但这个故事却说明了一个深刻的道理：成功与失败，平凡与伟大，两者之间的距离往往就在一步之间，咬紧牙关向前迈一步就成功了；停住了，泄气了，只能是前功尽弃。这一步就是韧劲的较量，是意志力的较量。

我们的社会，已进入改革开放的兴旺时期，许多新鲜的外来事物都纷纷拥了进来。花花世界的花花事物，难免会对人产生极大的诱惑，而这极大的诱惑，会使人变得浮躁。许多人会想，我为什么不能拥有这些东西呢？别人可以拥有，我为什么不可以呢？

在这样的心态之下，他就浮躁起来，很想自己一下子能取得那么多物质上的东西，能享受到自己以前享受不到的东西。

可是，事情就是这样，你越着急，就越不会成功。因为着急会使你失去清醒的头脑，结果，在你的奋斗过程中，浮躁占据着你的思维，使你不能正确地制订方针、策略以稳步前进。结果呢，自然适得其反。

许多年轻人就是这样，给自己确立了"3 年计划"、"5 年计划"，下定决心要在 3 年内赚 3000 万，5 年内成为一个亿万富豪。

这些年轻人之所以制订这样的计划，也许，他们心目中的学习榜样正是李嘉诚。可他们这个时候却忘了，李嘉诚之所以成功，之所以成为华人首富，不是靠什么 3 年计划、5 年计划，他是一步一个脚印，通过几十年而绝不仅仅是几年的奋斗得来的，而他的奋斗也是充满了艰辛与坎坷的。这些艰辛与坎坷，我们现在说起来好像挺轻松，一下子就过去了，而在当时，他是一天一天、一小时一小时、一分一分、一秒一秒地捱过来的。对这分分秒秒的艰辛与坎坷的体味，需要多大的毅力与意志！一个浮躁的人，是不会这么细心地去品味这些滋味的，也许，他们一尝到这样的滋味，就马上退却了。而李嘉诚，作为一个稳健的人，他深知：这样的苦难是必定要经受的，只有经受这些苦难才能赢得最终的甜美。

一个不浮躁的、稳健的人，通常也是一个不断地要求自己、完善自己、使自己不断适应时代与社会变革的人。也只有这样的人，才是最终会取得成功的人。

在这里，浮躁与稳健对于一个人成败的影响，一目了然。

只有不浮躁，才会吃得起成功路上的苦。

只有不浮躁，才会有耐心与毅力一步一个脚印地向前迈进。

只有不浮躁，才会制订一个接一个的小目标，然后一个接一个地实现它，最后走向大目标。

只有不浮躁，才不会因为各种各样的诱惑而迷失方向。

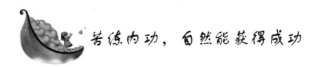

苦练内功，自然能获得成功

生活中有些人，他们看到一部文学作品在社会上引起强烈反响，就想学习文学创作；看到电脑专业在科研中应用广泛，就想学习电脑技术；看到外语在对外交往中起重要作用，又想学习外语……由于他们对学习的长期性、艰巨性缺乏应有的认识和思想准备，只想"速成"，一旦遇到困难，便失去信心，打退堂鼓，最后哪一种技能也没学成。这种情况，与明代边贡《赠尚子》一诗里的描述非常相似："少年学书复学剑，老大蹉跎双鬓白。"是讲有的年轻人刚要坐下学习书本知识，又想要去学习击剑，如此浮躁，时光匆匆溜掉，到头来只落得个白发苍苍、两手空空。

一个屡屡失意的年轻人觉得在工作单位很没面子，单位领导并没有给他重要的岗位去锻炼，也没有提拔他的迹象……于是他决定外出寻求指点。他千里迢迢来到普济寺，慕名寻到老僧释圆，沮丧地对他说："人生总不如意，活着也是苟且，有什么意思呢？"

释圆静静地听着年轻人的叹息和絮叨，末了才吩咐小和尚说："施主远道而来，烧一壶温水送过来。"

不一会儿，小和尚送来了一壶温水。释圆抓了茶叶放进杯子，然后用温水沏了，放在茶几上，微笑着请年轻人喝茶。杯子冒出微微的水汽，茶叶静静浮着。年轻人不解地询问："宝刹怎么用温水沏茶？"

释圆笑而不语。年轻人喝一口细品，不由得摇摇头："一点茶香都没有呢。"

释圆说："这可是闽地名茶铁观音啊。"

年轻人又端起杯子品尝，然后肯定地说："真的没有一丝茶香。"

释圆又吩咐小和尚："再去烧一壶沸水送过来。"

又过了一会儿，小和尚便提着一壶冒着浓浓白汽的沸水进来。释圆起身，又取过一个杯子，放茶叶，倒沸水，再放在茶几上。年轻人俯首看去，茶叶在杯子里上下沉浮，丝丝清香不绝如缕，望而生津。年轻人欲端杯，释圆作势挡开，又提起水壶注入一些沸水。茶叶翻腾得更厉害了，一缕更醇厚更醉人的茶香袅袅升腾，在大禅房弥漫开来。释圆这样注了5次水，杯子终于满了，那绿绿的一杯茶水，端在手上清香扑鼻，入口沁人心脾。

释圆笑着问："施主可知道，同是铁观音，为什么茶味迥异吗？"

年轻人思忖着说："一杯用温水，一杯用沸水，冲沏用的水不同。"

计较、嫉妒、记恨：人生的三大敌人

释圆点头："用水不同，则茶叶的沉浮就不一样。温水沏茶，茶叶轻浮水上，怎会散发清香？沸水沏茶，反复几次，茶叶沉沉浮浮，释放出四季的风韵：既有春的幽静、夏的炽热，又有秋的丰盈和冬的清冽。世间芸芸众生，也和沏茶是同一个道理，好比沏茶的水温不够，想要沏出散发诱人香味的茶水不可能；你自己的能力不足，要想处处得力、事事顺心自然很难。要想摆脱失意，最有效的方法就是苦练内功，提高自己的能力。"

年轻人茅塞顿开，回去后刻苦学习，虚心向人求教，不久就引起了单位领导的重视。

水温够了茶自然香，功夫到了自然成。历史上凡有所建树的人，往往都是很勤奋、很努力的人。任何一项成就的取得，都是与勤奋和努力分不开的，只要功夫做到家，自然能获得成功。

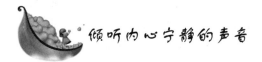

倾听内心宁静的声音

很多时候，我们的内心都为外物所遮蔽、掩饰，浮躁的心态占领了我们的整颗心，因此在人生中留下许多遗憾：在学业上，由于我们还不会倾听内心的声音，所以盲目地选择了别人为我们选定的、他们认为最有潜力与前景的专业；在事业上，我们故意不去关注内心的声音，在一哄而起的热潮中，我们也去选择那些最为众人看好的热门职业；在爱情上，我们常因外界的作用扭曲了内心的声音，因经济、地位等非爱情因素而错误地选择了爱情对象……我们都是现代人，现代人惯于为自己作各种周密而细致的盘算，权衡着可能有的各种收益与损失，但是，我们唯一忽视的，便是去听一听自己内心的声音。

一位长者问他的学生："你心目中的人生美事为何？"学生列出"清单"一张：健康、才能、美丽、爱情、名誉、财富……谁料老师不以为然地说："你忽略了最重要的一项——心灵的宁静，没有它，上述种种都会给你带来可怕的痛苦！"

繁忙紧张的生活容易使人心境失衡，如果患得患失，不能以宁静的心灵面对无穷无尽的诱惑，我们就会感到心力交瘁或迷惘躁动。

唯有心灵宁静，才不眼热权势显赫，不奢望金银成堆，不乞求声名鹊起，不羡慕美宅华第，因为所有的眼热、奢望、乞求和羡慕，都是一厢情愿，只能加重生命的负荷，加剧心力的浮躁，而与豁达康乐无缘。

我们很忙，行色匆匆地奔走于人潮汹涌的街头，浮躁之心油然而生，这也是我们不去倾听内心声音的一个缘由。我们找不到一个可以冷静驻足的理由和机会。现代社会在追求效率和速度的同时，使我们作为一个人的优雅在逐渐丧失。那种恬静如诗般的岁月于现代人已成为最大的奢侈和批判对象。内心的声音，便在这种繁忙与喧嚣中被淹没。物的欲望在慢慢吞噬人的性灵和光彩，我们留给自己的内心空间被压榨到最小，我们狭隘到已没有"风物长宜放眼量"的胸怀和眼光。我们开始患上种种千奇百怪的心理疾病，心理医生和咨询师在我们的城市也渐渐走俏，我们去求医、去问诊，然后期待在内心暗哑的日子里寻求心灵的平衡。

老街上有一位老铁匠。由于早已没人需要打制铁器，现在他改卖铁锅、斧头和拴小狗的链子。他的经营方式非常古老和传统，人坐在门内，货物摆在门外，不吆喝，不还价，晚上也不收摊。你无论什么时候从这儿经过，都会看到他在竹椅上躺着，手里是一个半导体，身旁是一把紫砂壶。

他的生意也没有好坏之说。每天的收入正够他喝茶和吃饭。他老了，已不再需要多余的东西，因此他非常满足。

一天，一个文物商从老街上经过，偶然看到老铁匠身旁的那把紫砂壶，因为那把壶古朴雅致，紫黑如墨，有清代制壶名家戴振公的风格。他走过去，顺手端起那把壶。

壶嘴内有一记印章，果然是戴振公的，商人惊喜不已。因为戴振公在世界上有捏泥成金的美名，据说他的作品现在仅存 5 件，一件在美国纽约州立博物馆里；一件在中国台湾故宫博物院；还有一件在泰国某位华侨手里，是 1993 年在伦敦拍卖市场上以 16 万美元的拍卖价买下的。

商人端着那把壶，想以 10 万元的价格买下它。当他说出这个数字时，老铁匠先是一惊，后又拒绝了，因为这把壶是他爷爷留下的，他们祖孙三代打铁时都喝这把壶里的水，他们的汗也都来自这把壶。

壶虽没卖，但商人走后，老铁匠有生以来第一次失眠了。这把壶他用了近 60 年，并且一直以为是把普普通通的壶，现在竟有人要以 10 万元的价钱买下它，他转不过神来。

过去他躺在椅子上喝水，都是闭着眼睛把壶放在小桌上，而现在把茶壶放到桌上后，他总要坐起来再看一眼，这让他非常不舒服。特别让他不能容忍的是，当人们知道他有一把价值连城的茶壶后，蜂拥而至，有的问还有没有其他的宝贝，有的开始向他借钱，更有甚者，晚上悄悄跑到他家里，想偷走这把壶。他的生活被彻底打乱了，他不知该怎样处置这把壶。

当那位商人带着 20 万元现金，第二次登门的时候，老铁匠再也坐不住了。他招来左右店铺的人和前后邻居，拿起一把斧头，当众把那把紫砂壶砸了个粉碎。

现在，老铁匠还在卖铁锅、斧头和拴小狗的链子，据说他已经 102 岁了。

宁静可以沉淀出生活中许多纷杂的浮躁，过滤出浅薄粗俗等人性的杂质，可以避免许多鲁莽、无聊、荒谬的事情发生。宁静是一种气质、一种修养、一种境界、一种充满内涵的悠远。安之若素，沉默从容，往往要比气急败坏、声嘶力竭更显涵养和理智。

在宁静之中通向成功之门

"君子之行：静以修身，俭以养德。非淡泊无以明志，非宁静无以致远。"诸葛亮在《诫子书》中第一次把"宁静"用以修身，意在告诫后人，只有宁静才能够修养身心，静思反省。内心不能够沉静下来，则无法有效地计划未来。一个人要想成就一番远大的事业，做到真正意义上的成功，就必须谨记这句话，特别是当今社会中一

第五章 摒弃浮躁：别让浮躁成为人生绊脚石

些年轻气盛者。只有秉持着一种沉潜于海底的浩然宁静之气，才能引领我们走向成功的第一道门。

有这样一个内容简单却寓意深刻的哲理故事：

一位读了万卷书，又准备行万里路的青年问一位智者："我该带什么上路？"

智者反问青年："你心目中的人生应该拥有什么？"

沉思片刻，青年列出了一张清单：健康、才能、美丽、爱情、荣誉、财富……青年颇为得意地让智者过目。

谁料，智者不以为然："你忽略了最重要的一项，没有它，你得到的上述种种则会经常给你带来痛苦的折磨。"

青年又惊讶又好奇，更加虚心求教于智者。

智者用笔慢慢地写下：心灵的宁静。

心灵的宁静，是一种超然的境界。正如一位哲人所说："把尘世的礼物堆积到愚人的脚下，我只要赐给我不受烦扰的心灵！"显然，他是把拥有宁静的内心世界当做上苍对自己的最好赏赐。事实也的确如此。即便我们获得了世界的一切，却失去了平安、宁静的心灵，对于我们自己又有什么益处呢？现实生活告诉人们，有了宁静，才有专心，才有深思，才有精研，也才有收获。

只要稍微留意一下就能发现，我们身边存在这样一种现象：当我们越是迫切地想得到一样东西的时候，就越是得不到。当爱上一个人的时候，也许因为过于喜欢，便飞蛾扑火地去追求，结果这不顾一切的阵势往往吓跑了对方；当我们疯狂地想得到成功的时候，也会被过于炙热的欲望蒙蔽了眼耳，听不到成功敲门的声音。

"心静自然凉"这句古语是很有道理的。一旦放慢了内在混乱状态的活动速度，外在的生活自然也就慢下来了。让浮躁的心情沉寂下来，让焦虑的头脑安静下来，让纷杂的思绪舒缓下来，心如止水，排除一切杂念，精力绝对集中，让周围一切变得虚无，这便是思考问题的最高境界。

在这个充满了浮躁气息的世界里，宁静就像是一泓温润的湖泊，化成雨，飘洒在人的心里，成为洗涤心灵尘埃的清泉。宁静，才能听到花开、雪落的声音。守住一颗宁静的心，即使再向前延伸的远方，也会诞生一种成功的奇迹。

著名的俄国科学家门捷列夫，在研究元素周期表的排列时，总是把自己关在屋里，不许任何人打扰，只有在需要帮助时才会拉铃召唤仆人。就在这样的"身心俱静"中度过了数千个日日夜夜，在一次睡梦中，他终于找到了元素周期表的排列方法。

法国著名思想家卢梭在 1756 年至 1762 年，离开巴黎来到蒙莫朗西，度过了几年远离城市喧嚣的乡间生活，然而这却是其思想大放异彩的辉煌时期。他的创作力在此期间特别旺盛，出版了三部极为重要的作品：《新爱罗伊丝》《社会契约论》和《爱弥儿》。

19 世纪美国著名作家梭罗，哈佛大学毕业后来到波士顿市郊。对大自然的迷恋使他经常陷入对世界的沉思和冥想之中，在垦荒种地和渔猎的间隙里，完成了伟大的文学巨著《瓦尔登湖》，他也因此成为世界级的文学巨匠。

中国的第一大隐士陶渊明官场失意后，一如既往地选择了劳苦耕作，钟情于自然，寄情于山水。日出而作，日落而息，在举手投足之间追求着心灵的宁静，并写下了《桃花源记》等大量传世之作。

我国古代文艺理论家刘勰在 24 岁左右就离开家庭进入寺庙，一住就是十几年，这是他人生中极为平淡而安静的时期。在这期间他潜思默想，写出了博大精深的《文心雕龙》，赢得了世界赞誉。

《红楼梦》的作者曹雪芹在潦倒之后，住所由北京城内迁移至西郊香山脚下，过起了家徒四壁、食不果腹的清贫生活。在这里，他用十年的时间，为自己营造了一个宁静的精神家园，为我们铸就了一座仰之弥高的文学奇峰。

还有太多这样的例子，举不胜举。古今中外，大凡治学有为和事业有成者，无不是与宁静相伴。正是他们追求宁静的心境，经过修炼才能实现其伟大志向和崇高目标。《大学》有云："知止而后有定，定而后能静，静而后能安，安而后能虑，虑而后能得。"很多时候，我们一直都在苦苦追寻成功的足迹，奋力捕捉机遇的灵光。但成功敲门的声音往往是轻巧的，只有怀着一颗浮华散尽之后的宁静之心，才能听得见成功的召唤。

然而另一方面，宁静并不是让我们离群索居，躲到荒山野林或

第五章 摒弃浮躁：别让浮躁成为人生绊脚石

99

孤岛上。真正的宁静，来自内心。我们并没有必要刻意去做孤云野鹤，重要的是心灵的静若止水。有一句话说得好："宁静是一种境界。如果你不能改变环境，那么就改变自己的心境吧。"努力让自己在喧嚣中追求宁静，让渴望宁静的心徜徉在音乐的世界里，或是漫步在人文大师们的文字花园中，或是把自己的经历和感受诉诸笔端。心无旁骛、简单笃定，自然会有水到渠成的结果。

宁静是纯洁的。它以安静隐去了人世间的喧哗和丑陋，赐给人以静之美、静之馨、静之醉。而追求宁静，则是一种气质、一种修养、一种境界、一种充满内涵的悠远。安之若素，便可以在从容中品味过程的美好，在宁静中感受成功的自然。

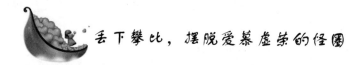

丢下攀比，摆脱爱慕虚荣的怪圈

生活中有许多不如意，其中大多源自比较。一味盲目地和别人攀比会造成了心理不平衡，而不平衡的心理使人处于一种极度不安的焦躁、矛盾、激愤之中，使人牢骚满腹，思想压抑，甚至不思进取。表现在工作上就是得过且过，更有甚者会铤而走险，玩火烧身。因此，我们必须保持心理平衡。

攀比是人的一种天性，一个人有思维，必定有思想。看到人家好，人家强，凡夫俗子哪能不心动？就算是得道高僧，也要三声"阿弥陀佛"，才能镇住自己的欲望和邪念。

在这个世界上，大多数的人，都会穷其一生地把自己的目光集中在其他人身上，明里暗里地与其他人进行无休无止的比较，从身材到容貌，从工作到家庭，从老公到孩子，从房子到车子，甚至从手到脚，从鼻子到眼睛……这些"愚蠢"的比较使得很多人陷入失落、困惑和自卑的漩涡中无法自拔。

这世间，有的人家财万贯、锦衣玉食，有的人仓无余粮、柜无盈币；有的人权倾一时、呼风唤雨，有的人抬轿推车、谨言慎行；有的人豪宅、香车、娇妻样样有，有的人丑妻、薄地、破棉衣……

一样的生命，不一样的生活，常让我们心中生出许多感慨。

看看别人，比比自己，生活往往就在这比来比去中，比出了怨恨，比出了愁闷，比掉了自己本应有的一份好心情。

生活的差别无处不在，而攀比之心又难以克服，这往往给人生的快乐打了不少折扣。但是，我们能否换一种思维模式，别专拣自己的弱项、劣势去比人家的强项、优势，比得自己一无是处，那样多累？要把眼光放低一点，学会俯视，多往下比一比，生活想必会多一份快乐，多一份满足。正如一首诗中所写："他人骑大马，我独跨驴子，回顾担柴汉，心头轻些儿。"再说骑大马的感觉也并不一定就是你想象的那么好，也许跨着驴子，优哉游哉，尚能领略一路风光，更感悠闲、自在。

有一妇人，年轻的时候，心善貌美，贤惠能干，可嫁人十年，就"克死"了三个丈夫，当年一双水灵灵的眼睛硬是被泪水泡得混浊痴呆。当她的第三个丈夫撒手而去的时候，她誓不再嫁！她拉扯着第三个丈夫留下的儿女守寡至今，现在已经六十多岁了。几十年来村子里的人压根儿就没见她笑过。大家同情她、可怜她，说她命真苦。可就是这么个命苦的人，养的一儿一女却意外的争气，双双考取名牌大学，并都在京城成家立业。两兄妹亲自开着轿车回来，把母亲接到北京。那会儿，老人的脸上终于露出了欣慰的笑颜，乡亲们也第一次向老人投去羡慕的眼光。大家都感慨地说，真是苦到了尽头。是啊，也许这就是生活，有苦有甜，有悲有喜，有山穷水尽之时，也有峰回路转之日。

这一如自然界中，长青之树无花，艳丽之花无果；雪输梅香，梅输雪白。

人比人，比什么？

其实人比人并不会气死人，如果可以客观地比较，结果肯定是比上不足、比下有余。甚至对于任何一个人来说，都是如此。而会气死人的，只是因为拿自己的缺点跟别人的优点比较，却忽略了自己的优点，比别人差的地方看得很重，比别人好的地方觉得很普通，甚至忽略看不到。有人会说，人怎么可以跟比自己差的人比呢？要比，当然是跟比自己好的人比了。这听起来是很积极的心态，好像

101

是在向好的学习，看到不足，然后加以改善，不好吗？当然，如果是这样的心态，当然是很好，但问题是，有人往往看到别人比自己好的地方之后，并不是开始好好学习和努力，而是不断地埋怨自己，甚至认为自己一无是处。

事实上，人比人而生气的人，往往是因为自身性格和心理上的问题，使自己产生了自卑的心态。跟心理医生谈谈，可以更好地了解自己为什么会产生自卑的心态。

人生是一个由起点到终点、短暂却漫长的过程。在这个过程中，每个人所拥有和承受的喜怒哀乐、爱恨情仇大致都是相等的。这既是自然赋予生命的规律，也是生活赋予人生的规律，只不过我们享用、消受的方式不同。这不同的方式，便演绎出不同的人生。于是，有的人先苦后甜，有的人先甜后苦；有的人大喜大悲，有起有落，有的人安顺平和，无惊无险；有的人家庭不和，但官运亨通；有的人夫妻恩爱，却事业受挫；有的人财路兴旺，但人气不盛；有的人俊美娇艳，却才疏德浅；有的人智慧超群，可相貌不恭，正如古人说"佳人而美姿容，才子而工著作，断不能永年者"。

生活中有些人羡慕那些明星、名人，羡慕他们日日淹没在鲜花和掌声中，名利双收，以为世间苦痛都与他们无缘。

其实，美国前总统里根曾几度风光，晚年却备受不孝逆子的敲诈、虐待；戴安娜如果没有魂断天涯，几人知道她与查尔斯王子那场"经典爱情"竟是那般糟糕……

俗话说，人生失意无南北，宫殿里有悲哭，茅屋里有笑声。

只是，平时生活中无论是别人展示的，还是我们关注的，总是风光的一面，得意的一面。这就像女人的脸，出门的时候个个都描眉画眼，涂脂抹粉，光艳亮丽，这全都是给别人看的。回到家后，一个个都素面朝天，这就难怪男人们感叹："老婆还是别人的好。"于是，站在城里，向往城外；而一旦走出围城，就会发现生活其实都是一样的，有许多我们一直很在意的东西，较之别人，根本就没有什么可比性。

有位哲人说过，与他人比是懦夫的行为，与自己比是英雄。这句话乍一听不好理解，但细细品味，却自有它的道理。

心理失衡，多是因为选择了错误的比较对象，总与比自己强的人比，总拿自己的弱点与别人的优点比。如果能够我行我素，不去比较，实在要比的话，就把和自己处于同一起跑线上的人当做比较对象，那生活中可能会少一些烦恼，多一片笑声。

不攀不比，活在自己的角色里

在生活中，我们不要刻意地去跟别人比较什么！大千世界，芸芸众生，如果每个人都为了达到和别人一样而随意改变自己，一生都做着违背自己心意的事，是够累的。

"人生就是一个大舞台。"人在不同的阶段，要演好不同的角色。归根结底，要面对现实，学会做好自己。而对于成功的选择是靠我们自己的，成功的需要则是让你做最好的自己。一次又一次，你都是最好的自己，那么，成功便会永远属于你。做最好的自己，就是让你成功的好方法，这个方法是上天给予每个人的礼物，只要你好好利用，你将受益匪浅。

哲人说过："世界上没有哪两张树叶是完全相同的"，所以，我们要做好自己，无须左顾右盼，只要我们知道自己需要什么样的生活，那么就应该怎么去做，不要和别人比较什么，不管是贫穷还是富贵，是丑陋还是美丽，是凡人还是天才……都不应该自卑，要相信自己是独一无二的，因为生命并没有高低贵贱之分。

在这个世界上，每个人都是独一无二的，你就是你，伟大的剧作家莎士比亚曾说过："你是独一无二的。"在这个世界上，除了你自己，再也找不到第二个和你一模一样的人。它决定了你在这个世界上的价值，而你就是绝世之宝，你是无价的。

在生活中，有很多人在忙碌中迷失了自己，往往觉得别人好，羡慕别人的生活。总看着别人的职业好，地位高，权力大，背景强，在起跑线上就大赢特赢，他们是多么富有，多么伟大，多么潇洒，多么有钱有势，多么呼风唤雨；而却觉得自己像一匹在鞭光绳影中

第五章 摒弃浮躁：别让浮躁成为人生绊脚石

103

犁田耕地的牛，是一头受凌受辱只能咩咩叫唤的羊。他们为了更好地效仿成功者的方法和模式，往往是照猫画虎，却忘记了真实的自己，忘记了自己的优势，结果，不但模仿别人不像，而且到最后连自己的优势都丧失了，这是多么悲哀的一件事。其实，通向成功的起点，就是找到并发挥自己独特的一面。

其实，我们每个人都是独一无二的，所以我们应该相信自己。那为什么我们会是这世上独一无二的呢？因为你所做的事，别人不一定会做得来；而且，你之所以是你，必定有些相当特殊的地方——特质，这些特质是别人无法获得的。

著名的意大利电影演员索非娅·罗兰，为了追逐自己的演员梦，16 岁就来到了罗马。刚开始，很多人议论她，说她个子太高，臀部太宽；有的人说她鼻子太长，嘴巴太小，下巴太小……种种议论都表明：她的形象根本不适合做一名合格的电影演员。

虽然有很多人议论她，但是她幸运地被制片商卡洛看中了，带她去试了许多次镜头。但摄影师们都抱怨无法把她拍得美艳动人，埋怨她的鼻子太长，臀部"太发达"了。于是，卡洛说："如果你真想干这一行，就得把鼻子和臀部'动一动'，要做一次美容手术。"

而罗兰是个有主见的人，她断然拒绝了卡洛的要求。她决心不靠自己的外表而靠内在的气质和精湛的演技来取胜，便理直气壮地说："我为什么非要长得和别人一样呢？我知道，鼻子是脸庞的中心，它赋予脸庞以个性，但是，我就喜欢我的鼻子，我必须要保持它的原状。至于我的臀部，那也是我的一部分，我只想保持我现在的原状，不想做任何的改变。"

罗兰并没有因为别人的议论而停下自己奋斗的脚步，而是将压力化成动力。自从 1950 年从影以后，她拍了 60 多部影片。她的演技达到了炉火纯真的地步，她的善良和纯情也被观众认可。1961 年，罗兰得到了奥斯卡最佳女演员奖，她成了世界著名影星。随着事业上的不断成功，对她的议论都销声匿迹了。不仅如此，她的那些体态特征逐渐变成了评选美女的标准。当她把自己独有的一面展示给别人的时候，魅力也就随之而来了。在 20 世纪末，她被评为该世纪"最美丽的女性"之一。

总之，每个人都有适合自己的位置。只要做一个真实的、最好的你自己就可以了。

我们生活的这个世界本来就五彩缤纷，每个人的生活都是不同的，我们只是选择了其中的一种而已，我们既然选择了，就要认认真真地完成。在大千世界中，我们只是芸芸众生中的一个，不是他，也不是你，我们始终只是我们自己，茫茫人海中的唯一的自己。所以无论人生的旅程有多少艰难坎坷或有多少艳丽风光，无论任何时候，最重要的是我们一定要做好自己！自己欣赏别人的某句话，某个动作，喜欢别人穿的衣服，别人戴的手表……随即，自己就去买了一个与别人相同的东西，或是学者别人很经典型的肢体或语言，虽然自己把这种感觉找到了，但是当你达到"目标"的时候，这时你已经失去了你本身的特点，让别人觉得你很寻常、很无味。所以，让我们学会去创新！做最好的自己。

生命的价值，在于不断地超越自己。只有不断超越自己，才能保持饱满的精神状态，迎接新的挑战；只有不断超越自己，才能让你的明天更美好；只有不断超越自己，才能让你的生命越来越有价值；只有不断超越自己，才能实现自我价值。超越自己，就是不断扬弃，不断创新。不断跨越，不断延伸，不断地否定自己，认识自己，向自己挑战，才能做最完美的自己！

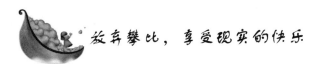

放弃攀比，享受现实的快乐

在一次招聘会上，一个单位在收到的 84 份大学毕业生自荐表中，发现有 5 人同时为同一学校的学生会主席，有 6 人同时为同校同班"品学兼优"的班长。但是走进大学校园里调查一下，发现有人把别人的英语等级考试证书、计算机等级考试证书、奖学金证书、优秀学生干部奖状以及发表过的文章，改头换面复印，就变成了自己的"辉煌经历"……有些大学毕业的女生为了吸引用人单位的注意，更是将自己的简历搞成了豪华本的艺术图片集，以期能够被

录用。

当用人单位在慨叹"现在的大学生真是浮躁"时，用人单位应该反过来想一想，自己何尝不是浮躁攀比？要人就要塔尖上的人才，要求一到单位就能文能武，十八般武艺样样能上……最好一挖就挖个宝，能够马上创造出效益，提那么高、那么偏的要求，那不是逼着求职者去涂脂擦粉、造假注水吗？

再看看社会生活的各个侧面，攀比的心态无时不在。有精心制造"皇帝的新衣"的攀比，有"移花接木"、"经济实惠"的攀比，更有信手拈来、"一挥而就"的攀比。投射到每个人身上不外乎是这样的表现：做事情三心二意、朝三暮四、浅尝辄止；或是东一榔头西一棒槌，既要鱼也要熊掌；或是这山望着那山高，静不下心来，耐不住寂寞，稍不如意就轻易放弃，从来不肯为一件事倾尽全力。但究其实质，不外乎是急于求成、渴望结果的超常迫切心态。

现代人的标志，也绝不止于会英语、会驾车、能够在托福考试拿得高分、懂得网络技术、享受名牌服饰，一个人如果没有对现代社会的冷静认识与思考，没有对个体人格的自觉完善以及对其他社会成员的道义关怀，他也不过是个精神上的"现代贫民"而已。

有位哲人说过，与他人比是懦夫的行为，与自己比是英雄。这句话乍一听不好理解，但细细品味，却也有它的道理。

所以，不要把你的生命浪费在和别人对比上，应该跟自己的心灵去赛跑。

有这么一个故事：一个青年总是埋怨自己时运不济，生活不幸福，终日愁眉不展。

这一天，走过一个须发俱白的老人，问他："年轻人，干吗不高兴？"

"我不明白我为什么老是这么穷。"

"穷？我看你很富有嘛！"老人由衷地说。

"这从何说起？"年轻人问。

老人没有正面回答，反问道："假如今天我折断了你的一根手指头，给你1000元，你干不干？"

"不干！"年轻人回答。

"假如斩断你的一只手，给你 1 万元，你干不干？"

"不干！"

"假如让你马上变成 80 岁的老翁，给你 100 万，你干不干？"

"不干！"

"假如让你马上死掉，给你 1000 万，你干不干？"

"不干！"

"这就对了，你身上的钱已经超过了 1000 万了呀！"老人说完笑吟吟地走了。

由此看来，那些老与别人进行攀比的人，他们心灵的空间挤满了太多的负累，因此无法欣赏自己真正拥有的东西。

其实我们不必对自己太苛求，我们又怎么知道别人一定比自己好呢？事实上每个人都有令人羡慕的东西，也都有令自己缺憾的东西，没有一个人能拥有世界的全部，重要的在于自己的内心感觉。那些心态平和的人也许生活中物质的享受并不比任何人好，只是他能接受自己，觉得自己好而已。

所以，要懂得欣赏自己的生活，让自己活得随心所欲。你能改变什么让自己感到愉快，那就作一些改变。不过，如果改变会让自己不愉快，那么不管有多少人劝你，也不应该盲从。此外，即使你已经知道改变会让你变得更好，但自己却无力改变的话，也不应该勉强去做，而要原谅自己，欣赏自己所拥有的一切。那些让自己觉得不满意的地方，要尽量忽略过去，毕竟，上帝给了我们不同的肤色、不同的个性，是为了让我们的生活多姿多彩。所以，要接受自己所谓不完美的地方，没有必要勉强自己变得完美。

那些总是抱怨自己不幸的人，不应该用沉重的欲望迷惑自己，不应该总是想着他们还不曾拥有的东西，而要静下心来，放下心灵的负担，仔细品味自己已拥有的一切。当你学会欣赏自己的每一次成功、每一份拥有，你就不难发现，自己竟有那么多值得别人羡慕的地方，幸福之神已在向你频频招手。

所以，我们要用"和自己赛跑，不和别人比较"的生活态度来面对生活。如果我们愿意放下身价，观摩别人表现杰出的地方，从对方的表现看出成功的端倪，收获最多的，其实还是我们自己。不

第五章 摒弃浮躁：别让浮躁成为人生绊脚石

要与别人比华丽的服装，而忽视了自己真正需要提升的东西。

与自己某个阶段所取得的小成功相比，才能更好地看到自己是不是进步了，才能更好地丈量自己的尺寸，所以当你进行比较时，一定要选好对比的标准，而且要让你与对比的对象之间具备一定的联系。

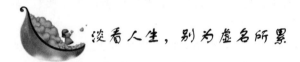

淡看人生，别为虚名所累

唐代吴筠有言："虚名久为累，使我辞逸域。"我们的累，很多时候是因为追逐那些无谓的虚名浮利。

如果一个人热衷于虚名的追求，那么他对于影响的关注就远远胜于事物的本身，终究会应了那句"图虚名，得实祸"的老话。虚名，终究是一个晃人眼的光环，一时耀眼却无法触摸，又何必为了一个没有实质意义的"虚头彩"而沉陷为名誉的奴隶？把"虚名拔向身之外"，无论浮华劳碌，都保持一种恬淡悠然的心境；只有在这样的土壤中，生活才会慢慢散发出如菊般的幽香。

不知从何时开始，在这个社会中，鲜花和掌声就成为了成功的附属品。而这些不切实际的荣誉的确能在不同程度上满足一个人的虚荣心。然而，当我们幻想着手捧花环、万人簇拥的时候，又可曾想到，没有辛勤的汗水，再怎么追捧吹嘘，也不可能换来丰收的果实。

美国文化精神领袖爱默生曾告诫年轻人，幻想成功、追求名誉无可厚非，但更重要的是脚踏实地的精神。他说："当一个人年轻时，谁没有空想过？谁没有幻想过？想入非非是青春的标志。但是，我的青年朋友们，请记住，人总归是要长大的。天地如此广阔，世界如此美好，等待你们的不仅仅是需要一对幻想的翅膀，更需要一双踏踏实实的脚！"

一位小伙子特意登门拜访年事已高的爱默生，自称自己从小就开始诗歌创作，只因地处偏远，一直得不到大师的指点，因仰慕爱默生的大名而千里迢迢前来求教。

爱默生看到这位青年虽然出身贫寒，却谈吐优雅、气度不凡，便热情地招待了他。老少两位诗人谈得非常融洽，其间青年把自己的几页诗稿递给爱默生。一阵沉默后，爱默生认定这位小伙子在文学上将会大有作为，决定凭借自己在文学界的影响大力提携他。

不久，爱默生将那些诗稿推荐给文学刊物发表，并希望小伙子能继续将自己的作品寄给他。于是，老少两位诗人开始了频繁的书信来往。

青年诗人的信一写就长达几页，大谈文学，辞藻华丽，激情洋溢。这让爱默生对他的才华大为赞赏，在与友人的交谈中经常提起这位青年。这位青年诗人很快就在文坛中有了一点小小的名气。

但此后，这位青年再也没有给爱默生寄来诗稿，而信却越写越长。奇思异想层出不穷，言语中开始以著名诗人自居，语气也越来越傲慢。爱默生开始感到了不安，凭着对人性的深刻洞察，他发现这位年轻人身上出现了一种危险的倾向。通信一直在继续，可爱默生的态度逐渐变得冷淡，转变成了一个倾听者。

后来，在一次秋天的文学聚会上，老少两位诗人又一次相遇了。爱默生询问年轻人为何不再寄诗稿了。

"我在写一部长篇史诗。"青年诗人自信地答道。

"你的抒情诗写得很出色，为什么要中断呢？"

"要成为一个大诗人就必须写长篇史诗，小打小闹是毫无意义的。"

"你认为你以前的那些作品都是小打小闹吗？"

"是的，我是个大诗人，我必须写大作品。"

至此，爱默生有些惋惜，又有些无奈，只说了一句"我希望能尽早读到你的大作"便没再理会年轻人。

青年诗人完全没有听出爱默生的无奈，而是很自傲地说："谢谢，我已经完成了一部，很快就会公之于世。"

在那次文学聚会上，这位被爱默生所欣赏的青年诗人大出风头。他逢人便侃侃而谈，锋芒逼人。虽然谁也没有拜读过他所谓的大作品，但几乎每个人都认为这位年轻人必成大器，否则，他怎么会得

109

到大作家爱默生如此的赏识呢?

但事实是,在那年的初冬,爱默生收到了这个青年诗人的最后一封信,他终于承认了之前畅想的所谓大作品,完全就是子虚乌有之事。他在信中写道:"很久以来,我一直都渴望成为一个大作家,周围所有的人也都认为我是一个有才华、有前途的人,当然我自己也一度是这么认为的。我曾经写过一些诗,并有幸获得了阁下您的赞赏,我深感荣幸。使我深感苦恼的是,自此以后,我再也写不出任何东西了。不知为什么,每当面对稿纸时,我的脑中便一片空白。我认为自己是个大诗人,必须写出大作品。在想象中,我感觉自己和历史上的大诗人是并驾齐驱的,包括尊贵的阁下您。在现实中,我对自己深感鄙弃,因为我浪费了自己的才华,再也写不出作品了。"

从那以后,爱默生就再也没有得到过这位青年的任何消息。

青年诗人为了满足虚荣心,一味苦苦地追求大诗人的头衔,却又不想脚踏实地地付诸努力,终究一事无成。可见,虚名只是一种无畏的追逐,它不但不可能把我们向成功的道路上指引,反而会让人堕入歧途。

诚然,几乎没有人不喜欢听好话,被颂扬的。那种如沐春风的幻觉让我们越来越不切实际地希望自己被拍成电影,画成油画,夹进书里,裱在先进典型的框里,千古流芳。但是,浮生一梦,须臾而逝;我们只不过是"沧海一粟"的过客。每个人离去的时候,生前身后的名声都将随即飘落。

每每想到居里夫人将英国皇家学会奖章作为玩具拿给孩子时,都不免感慨。她在面对法国授予的骑士十字勋章时,毅然谢绝地说:"我不要这块小铜牌,只需要一个实验室。"的确,虚名就像是玩具,只是供我们一时消遣之游乐。所有的虚名都无法替代求真务实的拥有。

不要再等"虚名白尽人头"的时候才痛心于那些光环、泡沫的破碎。悠长岁月,纵有琐事烦俗,纵有劳碌奔波,也都应保持一颗淡然之心,简简单单地直面所有的来临和结束,闲看庭前,漫观天外。看淡虚名,一些更实在的东西才能被我们把握。

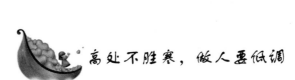

高处不胜寒，做人要低调

《史记·滑稽列传》中有这样一句话："酒极则乱，乐极则悲，万事尽然，言不可极。极之而衰。"它更多想告诉我们的是，在牢记"无限风光在险峰"的同时，更不要忘记"高处不胜寒"。做人要低调，胜不骄，得不傲。低调做人。就是用简单而平和的心态来看待世间的一切，不喧闹，不浮夸，不矫揉造作，不故作呻吟。卑微安贫道，显赫盈若亏。这是一种大凡若简的姿态和品格，更是一种大智若愚的胸襟和智慧。

山从不炫耀自己的高度，但并不影响它的高耸入云；海从不解释自己的深度，却也不会影响它的深不可测；地从不显露自己的势力，却没有谁能忽略它的厚度；天从不浮夸自己的空阔，却被尊之为囊括之首。因此，我们也不用过多说明自己的能力，不显山不露水，风度自现，智慧自成。所谓低调，绝不是一种懦弱和无用；相反，低调才能保全自己、成就大事。

我们不妨来听听老子与他的老师商容之间的一段对话。

老子曾求学于一位殷商时期很有学问的贵族，他叫商容。在他生命垂危的时候，老子来到床前问候说："弟子来此聆听老师的教诲。"

商容说："你已经完全掌握了我的思想，现在我只想问你：为什么人们经过自己的故乡时，都要下车步行？"

老子不假思索地说："我想这大概是表示，人们没有忘记故乡水土的养育之恩吧。"

商容又问道："走过高大葱翠的古树之下，人们总要低头恭谨而行，你知道为什么吗？"

老子想了想，回答说："也许大家是仰慕它顽强生命的缘故吧。"

听到这样的回答，商容不禁舒心而笑。少顷，他又张开嘴让老子看，并问道："你看我的舌头还在吗？"

第五章 摒弃浮躁：别让浮躁成为人生绊脚石

111

老子有些不解地说："还在啊。"

商容又问道："那么我的牙齿呢？"

老子说："已全部掉光了。"

商容目不转睛地注视着老子，说："你明白这是什么道理吗？"

老子沉思了一会儿，说："我想这是刚强的容易过早衰亡，而柔弱的却能长存不朽吧？"

商容满意地笑了，对他这个杰出的学生说："天下的道理已全部包含在这两件事之中了。"

低调就是一种显示为柔弱，但是比刚强更有力的策略。在人与人的交往中，生存自然是第一位的，然后才能谋求发展。这就要求我们要培养自己平和谦逊、低调简约的做人品格。只有不被自身耀眼的光芒所迷惑，才更有可能避开祸端。

纵观历史，历代那些有功的大臣们，能够做到功盖天下而不令主上怀疑，位极人臣而不被众人嫉妒，尽享富贵而不被别人非议，实在是少之又少。其中最重要的原因是就是他们不懂得低调做人，他们不明白：放低姿态才是自我保护的最佳途径。深谙低调行事之道的人，不管位有多高，权有多重，周围有多少妒贤嫉能的人，都能在危机四伏、人性复杂的丛林中为自己保留一席之地。

晚唐时期功勋卓著的朝廷重臣郭子仪，因政绩显赫而被封为汾阳郡王，王府就建在长安。自从王府落成之后，郭子仪下令每天都将府门大开，任凭人们自由进出。

一天，郭子仪帐下的一名将官要调到外地任职，特意到王府来辞行。他早就听说王府中鲜有禁忌，便直冲冲一路往前走。当他走进内宅时，恰巧看见郭子仪在一旁侍奉夫人和他的爱女梳妆打扮，一会儿递手巾，一会儿端水，如仆人一样。而郭子仪却在堂前厅后跑来跑去，忙得不亦乐乎。

这位将官虽然当时忍住了讥笑，但刚出了王府就乐个不停。回家后，他忍不住把这个情景告诉了家人，不曾想一传十十传百，几天的工夫，京城的大街小巷都知道了这个茶余饭后的笑话。

如此，郭府上下的人也不免都有所耳闻。郭子仪的几个儿子听后感到父亲的颜面大大地被羞辱，便相约一起来劝说父亲关上王府大门，禁止闲杂人等出入。他们一个个义愤填膺、慷慨激昂，甚至还搬出了商朝的贤相伊尹和汉朝的大将霍光，以此说明古今上下没有人像父王这样"透明"的。

郭子仪含笑听完了儿子们的抱怨之后收起笑容，语重心长地说："我之所以敞开府门，任人进出，并非是为追求那些浮名虚誉，而是为了保全自己，保全我们全家的性命啊。"

儿子们听了，一个个都被父亲这份郑重吓倒，忙问其中究竟。

郭子仪叹了口气，说道："你们光看到郭家显赫的地位和声势，却没有意识到这些是会随时丧失的。正所谓月盈而蚀，盛极而衰，人世同自然，不妨做到急流勇退。可是眼下朝廷又倚重于我，断不肯让我归隐脱身。在这样进退两难之时，如果我紧闭大门，不与外面来往，只要有一个人与我郭家结下仇怨，那麻烦可就大了。你们想，我打了那么多的仗，仇敌会少吗？如果有一个人诬陷我们对朝廷怀有二心，就必然会有人落井下石，那些嫉贤妒能的小人也会从中添油加醋，制造冤案。那时，我们郭家又如何得以保全？"

儿子们听后都默不做声，仔细掂量着父亲这番话的重量。

在竞争日益激烈的当今社会，若想在混杂繁乱的关系中时刻享有内心的平安，除了加强自身修养，提高综合素质之外，还要注意做人的方式。我们也许的确做不到古人所说的"无欲则刚"，但也并不能像李白所畅言的"人生得意须尽欢"。凡事有度，适可而止。"木秀于林，风必摧之"、"枪打出头鸟"，这些民谚都是古人留给我们的警示。

内敛含蓄，得意而不忘形，时刻在内心划一道警戒线，明示哪些是可以逾越的，哪些是不能触碰的。这不仅培养了我们不侍争夺、简明淡定的心态，更让我们感受到了胸怀大志的视野。正所谓"小智若仙，大智若愚"，只有懂得矜持低调、不事张扬的人，才能如流水般，川流不息、源远流长。

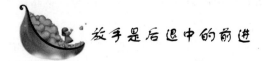

放手是后退中的前进

"手把青秧插满田，低头便见水中天。心地清净方为道，退步原来是向前。"农人手拿着青秧一步步往后退，退到田边，退到最后，就把所有的秧苗全部插好了。正因为倒退着插秧，才不至于踩坏秧苗，而迅速地插完。有时，退让并不是完全的消极，如同放手并不等于失败。我们抓住不放的，未必就是最有价值的，心灵的重负完全取决于一拿一放之间。不要拒绝五指张开的尝试，那一刻，就是打开井盖、融入天空的开始。

关于放手，有一个 5 分钱硬币和 3 万元古董花瓶的故事：

一位年轻妇人正在厨房里做饭，忽然听见从客厅里传来 4 岁儿子极度恐慌的声音："妈妈，妈妈，快来呀!"

年轻妇人闻声便下意识地跑到了客厅，才发现原来儿子的手卡在了一个花瓶中无法脱出，因此痛得连声直叫。

她想帮儿子将手从花瓶中拉出来，可试来试去也无济于事。看着儿子脸上挂满了泪水，年轻妇人心疼至极，便找来一个锤子，小心翼翼地把花瓶敲破了。

费了很大的劲，儿子的手终于出来了。

这时，儿子紧紧攥成一个拳头，怎么也不松开的小手吓坏了年轻妇人。她想，难道是孩子的手在花瓶里卡得太久而变形了？

等她将儿子的拳头小心地掰开时，一面彻底松了口气，一面让她哭笑不得：孩子的手没事，他的小手心里紧紧攥着的，是一枚 5分钱硬币——而那个刚刚被她敲碎的，是一个价值 3 万元的古董花瓶。

原来，淘气的儿子不小心将几枚硬币扔进了花瓶，便想把它们取出来。可由于紧紧攥住硬币的拳头大过了瓶口，于是就怎么也出不来了。

年轻妇人不由问儿子："你怎么不放下硬币，把手松开呢？那样你的手就可以出来，妈妈也就不必打烂这个花瓶了。"

儿子只回答了一句话："妈妈，花瓶那么深，我怕一松手，硬币就跑掉了。"

为一枚5分钱的硬币，砸烂了一个价值3万元的花瓶，这个故事听起来未免有些可笑。但唏嘘一笑之后，我们可曾意识到，这个发生在4岁孩子身上的故事，其实也普遍存在于你我之间？有多少人正是由于将手中的东西抓得太紧，最后导致了因小失大，甚至悲剧？这些人手中紧抓的"硬币"，在他们看来都是十分重要的东西，比如利益、成就、权力、面子、学识……但也许从未有人帮他们点破：这些其实都只是那"5分钱"，人生的"3万元"和更有价值的追求，应该是感知幸福的能力。这决定了我们是否能有一颗平静而快乐的心，以及和谐而广阔的生命。

想来，人们之所以紧抓"硬币"不愿松手，可能是因为害怕一旦放手，这些本来已属于自己的东西就再也没有了。但假若我们再往下想，这种害怕失去的心理其实是因为内心的不安而造成的，至少现在的快乐还并不是那么充盈。

然而，所有对生命有大晤的人都告诉我们：真正的幸福与快乐并不在于手中拥有多少外在的物质，而在于内心能够容纳多少高贵而美妙的思想。人的一生从某种角度来说，就是一种不断拥有和不断失去的过程。如同断奶的过程：母乳喂养是维系两代人情感和生命的纽带，但每个人都必经的断奶，就是一种放弃，同时也标志着长大。

在经历过无数次的拥有与失去之后，才能意识到，获得幸福与快乐的关键并不是去无休止地追求什么，而是在适当的时候学会去放弃什么。上幼儿园、小学、中学、大学，后者总是对前者的放弃。我们需要不断放弃已经熟悉的环境、已经适应的生活，才能实现自身的成长。然后，还有更多奢侈的欲望、冗赘的负担和消极的思想，等着我们有一天能够真正放下。

放手并不是逃避与屈服，就如同划船时，船桨是往后划动才可以使得船舶向前行驶。退后，有时是为了更好的前进。那么，放手，就是退后中向前。

115

　　要想在人生的大风浪中驾驭好生命之舟，我们就应该像巴尔扎克所说"常常学船长的样子，在狂风暴雨之下把笨重的货物扔掉，以减轻船的重量"。请记得：一叶落，荒芜不了整个春天。于是，放心，放手，然后繁琐清零，回归简单，便心喜欢生。

计较、嫉妒、记恨：人生的三大敌人

第六章　摒弃焦虑：焦虑是人生最丑陋的皱纹

　　忧虑是一种过度忧愁和伤感的情绪体验，正常人有时也会有忧虑的心理。但如果总是毫无原因地忧虑，或虽有原因，却不能自控地显得心事重重、愁眉苦脸，那就属心理性忧虑了。

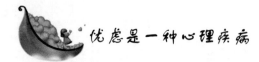

忧虑是一种心理疾病

忧虑是一种过度忧愁和伤感的情绪体验，正常人有时也会有忧虑的心理。但如果总是毫无原因地忧虑，或虽有原因，却不能自控地显得心事重重、愁眉苦脸，那就属心理性忧虑了。

忧虑使人在情绪上表现出强烈而持久的悲伤，让人觉得心情压抑和苦闷，并常常伴随着焦虑、烦躁及易激怒等反应。忧虑使人在认识上表现出负面的自我评价，让人感到自己没有价值，生活没有意义，对未来充满悲观；还能让人对各种事物缺乏兴趣，依赖性增强，活动水平下降，变得不愿与他人交往；忧虑过重的人常伴有自卑感，严重者还会产生自杀的想法。

忧虑的核心表现就是郁郁寡欢，忧虑的人常常会无缘无故、莫名其妙地焦虑不安、苦闷伤感。如果再遇上环境刺激时，就犹如"火上浇油"，他们会进一步加重忧愁和烦恼。大家所熟悉的《红楼梦》中的林黛玉，就是属于这类忧虑性格的人。一般来讲，性格内向、心胸狭窄、任性固执、多愁善感、孤僻离群的人多带有忧虑倾向。

一个人为什么会忧虑，其产生原因是多方面的，但主要原因来自自我。正像英国作家萨克雷所说的："生活就是一面镜子，你笑，它也笑；你哭，它也哭。"这与一个人的社会经验的多寡是有关的。忧虑的人对社会、对他人的期望值过高，对实现美好愿望的艰巨性、复杂性又估计不足，于是当其愿望与现实之间出现巨大落差时，即产生失落感，进而失望、失意或忧虑。

忧虑的产生还与一个人的生存能力有关。有些人缺乏对复杂社会的适应能力，心理承受能力很低，承受挫折的耐受力很差，个性又特别脆弱，因此容易陷入忧虑甚至走极端。

忧虑这种心理疾病对我们的心理是极大的负担，甚至会影响我们的身体健康。有位著名的医生曾这么说过：

"在医生接触的病人中，有70%的人只要能够消除他们的恐惧和忧虑，病自然就会好起来。

"不要误以为他们都是装病，他们的病都像你有一颗蛀牙一样实在，有时候比你想象的还严重100倍。

"这种病就像神经性的消化不良，某些胃溃疡、心脏病、失眠症、一些头痛症和麻痹症等。

"这些病都是真病，我这些话也不是乱说的，因为我自己就得过17年的胃溃疡。

"恐惧使你忧虑，忧虑使你紧张，并影响到你胃部的神经，使胃里的胃液由正常变为不正常，因此就容易产生胃溃疡。

"精神失常的原因何在？没有人知道全部的答案。可是在大多数情况下，极可能是由恐惧和忧虑造成的。焦虑和烦躁不安的人，多半不能适应现实的世界，而跟周围的环境断了所有的关系，缩到他自己的梦想世界，借此解决他所有的忧虑问题。"

有科学家对人的忧虑进行了科学的量化、统计、分析，结果发现，几乎百分之百的忧虑是毫无必要的。统计发现，40%的忧虑是关于未来的事情，30%的忧虑是关于过去的事情，22%的忧虑来自微不足道的小事，4%的忧虑来自我们改变不了的事实，剩下4%的忧虑来自那些我们正在做着的事情。

快乐是自找的，烦恼也是自找的。如果你不给自己寻烦恼，别人永远也不可能给你烦恼。所以，每当你忧心忡忡的时候，每当你唉声叹气的时候，不妨把你的烦恼写下来，然后在科学家的分析中为自己的烦恼归个类：它是属于40%的未来，30%的过去，22%的小事情，4%的无法改变的事实，还是剩下的那一个4%？

20世纪60年代，意大利一个康复旅行团体在医生的带领下去奥地利旅行。在参观当地一位名人的私人城堡时，那位名人亲自出来接待。他虽已80岁高龄，但依旧精神焕发、风趣幽默。他说，各位客人来这里打算向我学习，真是大错特错，应该向我的伙伴们学习：我的狗巴迪不管遭受如何惨痛的欺凌和虐待，都会很快地把痛苦抛到脑后，热情地享受每一根骨头；我的猫赖斯从不为任何事发愁，它如果感到焦虑不安，即使是最轻微的情绪紧张，也会去美美地睡

第六章　摒弃焦虑：焦虑是人生最丑陋的皱纹

119

一觉，让焦虑消失；我的鸟莫利最懂得忙里偷闲、享受生活，即使树丛里吃的东西很多，它也会吃一会儿就停下来唱唱歌。"相比之下，人却总是自寻烦恼，人不是最笨的动物吗?"他总结道。

忧虑的人也许各有各的忧虑，但快乐的人都是相似的。他们在面对人生的各种选择之时，总会选择让自己快乐的那一种。

 ## 不为无法改变的事情难过

漫漫人生路上，我们难免会碰到一些无法改变却让我们遗憾的事情，但我们仍然可以有所选择。我们可以把它们当做一种不可避免的情况加以接受，并且适应它，否则我们只能让忧虑毁了我们的生活，甚至最后可能会精神崩溃。

威廉·詹姆斯曾给过我们这样的忠告："要乐于承认事情就是这样的情况。"他说："能够接受发生的事实，就是能克服随之而来的任何不幸的第一步。"

或许我们需要的就是一点豁达，能够承受一些无法改变的事实。

不要为打翻的牛奶而哭泣，这是一句曾经鼓舞过千万人从失败走向成功的人生格言。

亚伯拉罕·林肯是一位伟大的总统，同时他也是个特别擅长讲故事的总统，他曾说过一个非常动人的故事。有个铁匠把一根长长的铁条插进炭火中烧得通红，然后放在铁砧上敲打，希望把它打成一把锋利的剑。但打成之后，他觉得很不满意，就又把剑送进炭火中烧得透红，取出后再打扁一点，希望它能做种花的工具，但结果亦不尽如他意。就这样，他反复把铁条打造成各种工具，却全都失败。最后，他从炭火中拿出火红的铁条，茫茫然不知如何处理。在无计可施的情形下，他把铁条插入水桶中，在一阵嘶嘶声响后说："唉! 起码我也能用根铁条弄出嘶嘶的声音。"

奥格·曼狄诺说："如果我们都有故事中铁匠的心胸，还有什么失败和挫折能够伤害到我们呢?"

不为打翻的牛奶而哭泣，我们就会获得更多的财富。牛奶既然已经打翻，那么再怎么难过也无济于事，何不放下沮丧的心情呢？

聪明的人不会活在过去，为过去所束缚，因为他们知道：既定的事实都已属于过去，与其盯住眼前的损失和不幸，不如想一想将来的事情。

莎拉·班哈特可以算是最懂得怎么去适应那些不可避免的事实的女人了。她一直是四大州剧院里独一无二的皇后——美国观众最喜爱的一位女演员。后来，在 71 岁那一年她破产了——所有的钱都失去了——而她的医生、巴黎的波基教授告诉她必须把腿锯断。事情是这样的，她在乘船横渡大西洋的时候碰到暴风雨，摔倒在甲板上，她的腿伤得很重，她染上了静脉炎、腿痉挛。那种剧烈的痛苦，使医生觉得她的腿一定要锯掉。这位医生有点怕去把这个消息告诉脾气很坏的莎拉，然而，莎拉看了他一阵子，然后很平静地说："如果非这样不可的话，那只好这样了。"这就是命运。

当她被推进手术室的时候，她的儿子站在一边哭。她朝他挥了挥手，高高兴兴地说："不要走开，我马上就回来。"在去手术室的路上，她一直念着她演出过的一幕戏里的一句话。有人问她这么做是不是为了打起她自己的精神，她说："不是的，是要让医生和护士们高兴，他们心中的压力可大得很呢。"

手术完成，恢复健康之后，莎拉·班哈特还继续环游世界，使她的观众又为她痴迷了 7 年。

"当我们不再反抗那些不可避免的事实之后，"麦可密克在《读者文摘》的一篇文章里说，"我们就能节省下精力，创造出一个更丰富的生活。"

没有人能有足够的情感和精力，既抗拒不可避免的事实，又创造一个新的生活，你只能在这两者之间选择一个。你可以选择在生活中那些无可避免的暴风雨之下弯下身子，也可以选择抗拒它们而被摧折。

所以，当聪明的你明白只能二者择其一时，答案是不言而喻的。创造属于你的新生活吧，别再为所谓的不可更改的事实而落泪。

第六章 摒弃焦虑：焦虑是人生最丑陋的皱纹

121

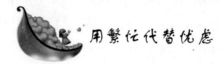

用繁忙代替忧虑

当忙碌的生活带来的不是充实的成就感和满足感时，也许就是混乱的疲惫与忧虑。我们在倍感忧虑煎熬之时，又在为如何甩掉这个包袱而发愁。如此恶性循环，真令人痛苦不堪。我们不妨学一学林肯总统吧。

也许世人都知道林肯是一位宽容、有怜悯心的总统，但是他的夫人玛丽是个脾气有点急躁的女性。他们二人由于家庭出身以及教育程度的不同，性格差距极大。玛丽对林肯的责骂，时常令这个高大而和善的总统陷入深深的忧虑之中。在春田镇当律师的时候，为了逃避来自家庭的战争，他不得不让自己忙碌起来，这使得他无暇顾及他的婚姻生活。因为他的投入，律师所的生意越来越好，他的名声也日益响亮。

的确，让自己忙起来不失为一种智者的选择，既能忘却忧虑——准确地说是因为无时间去寻思忧虑，又能让自己的工作更容易出业绩，这是多么难得的一举多得啊！

卡耐基在他的《人性的优点》一书里如此写道：

我班上的学员马利安·道格拉斯曾向我讲述过他的家庭所经历过的两次不幸。

第一次，他和妻子失去了他们视若珍宝的孩子——5岁的女儿，他们认为自己没有办法忍受这个打击。更为不幸的是，"10个月后，我们又有了另外一个女儿——而她在世界上只生存了5天"。这样沉重的打击几乎使人无法承受，这位父亲告诉我："我睡不着，吃不下，无法休息或放松，垂头丧气，信心消失殆尽。安眠药和旅行对我丝毫无用，我的身体好像被夹在一把大钳子里，而这把钳子愈夹愈紧，我都要窒息了。

"不过，我还有一个4岁的儿子，是他让我走出了这种痛苦的境地，并教给我解决问题的方法。一天下午，正当我呆坐在那里为自

122

己难过时，他问我：'爸，你能不能帮我造一条船?'我对造船一点都不感兴趣，可这个小家伙软磨硬泡，我只得依从他。

"3个小时后，我完成了那条玩具船，等做好时我才发现，这5个小时是我许多天来第一次感到放松的时刻。

"这一发现使我茅塞顿开，这几个月来，我第一次集中精神去思考。我明白了，如果你忙着做费脑筋的工作，你就很难再去忧虑了。对我来说，遣船就把我的忧虑整个冲垮了，所以我决定使自己忙碌起来。

"第二天晚上，我巡视了每个房间，把所有该做的事情列成了一张单子。有好些小东西需要修理，比方说书架、楼梯、窗帘、门把手、门锁、漏水的龙头等。两个星期内，我列出了242件需要做的事情。

"此后，我的生活变得充实了，我参加了许多有意义的活动。每星期有两个晚上我会到纽约市参加成人教育班，并参加一些小镇上的活动。现在我任校董事会主席，还协助红十字会和其他机构进行募捐，因此我忙得连忧虑的时间都没有。"

"没有时间忧虑"，这也是丘吉尔在战事紧张到每天要工作18个小时时说的话。当别人问他会不会因为承担那么重的责任而忧虑时，他说："我太忙了，我没有时间忧虑。"

我们也会发现这样一个基本定理：即使一个人聪明绝顶，他也不能在同一时间内想一件以上的事情。如果你表示怀疑，请靠坐在椅子上闭起双眼，试着同时去想今天晚上约会的着装和你明天早上准备做的事情。

你会发现你只能轮流想其中的一件事情，而不能同时想两件事情。就如同我们人的情感，我们不可能既激动、热诚地想着去做一些很令人兴奋的事情，又同时因为忧虑而拖延下来。

一个正处在失恋中的女孩，终日以泪洗面，完全沉浸在不能自拔的痛苦中，时常感叹，都是因为自己过去不够成熟、太任性，才导致男友提出分手。患得患失的忧虑与痛苦使她无法走出那悲伤的情绪，有时她甚至会追问身边的朋友："他还会回来找我吗?"

朋友不忍心伤害她，只说以后你陪伴我一起玩吧。女孩为了排遣寂寞的时光，答应了朋友的请求。在接下来的日子里，跳舞、购物、美容、理发、认识新男孩……一系列的活动等待着她。每天女孩都觉得累得半死，并且奇怪的失眠不见了，因为女孩每天回来后倒头就睡！更令她惊奇的是，仅仅两个星期，她似乎变得漂亮了，身材苗条了，新买的裙子让她看起来明艳动人。这一切使她不敢置信，她甚至"没有时间"去缅怀她那难忘的爱情了！

这个女孩是幸运的，因为她有一个非常棒的朋友，朋友没有苦口婆心地对她进行劝说，也没有和她一起大骂负心郎，而是让她没有时间忧虑。当她轻轻松松地甩掉了因失恋而忧虑带来的种种恶果，重又找回了久违的自信与快乐，这才发现让自己忙碌起来有多么重要！

哥伦比亚师范学院教育学的教授詹姆斯·马歇尔对此有深刻的认识："忧虑最能伤害你的时候，不是在你有所行动的时候，而是在一天的工作结束以后。这时你的想象力开始混乱，使你把每一个小错误都加以夸大。你的思想会像一辆没有装货的车子般横冲直撞，撞毁一切，直至把自己也撞成碎片。消除忧虑的最好办法，就是让自己忙着干任何有意义的事情。"

遗憾的是，至今还是有不少人并不懂得利用这一快乐法则，而是让自己的思绪一味陷入忧虑的泥淖之中。

如果你此时也正是这样一位忧虑的人的话，那么赶快把你的日常时间表塞满吧。

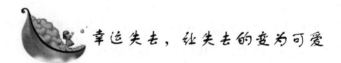

幸运失去，让失去的变为可爱

国王有 7 个女儿，这 7 位美丽的公主是国王的骄傲。她们那乌黑亮丽的长发远近皆知，所以国王送给她们每人 100 个漂亮的发央。

有一天早上，大公主醒来，一如往常地用发夹整理她的秀发，却发现少了一个发夹，于是她偷偷地到二公主的房里拿走了一个发夹。二公主发现少了一个发夹，便到三公主房里拿走一个发夹；三公主发现少了一个发夹，也偷偷地拿走四公主的一个发夹；四公主如法炮制，拿走了五公主的发夹；五公主一样拿走六公主的发夹；六公主只好拿走七公主的发夹。于是，七公主的发夹只剩下 99 个。

第二天，邻国英俊的王子忽然来到皇宫，他对国王说："昨天我养的百灵鸟叼回了一个发夹，我想这一定是属于公主们的。而这也真是一种奇妙的缘分，不晓得是哪位公主掉了发夹？"

公主们听到了这件事，都在心里说："是我掉的，是我掉的。"可是头上明明完整地别着 100 个发夹，所以都很懊恼，却说不出口。只有七公主走出来说："我掉了一个发夹。"话才说完，一头漂亮的长发因为少了一个发夹，全部披散了下来，王子不由得看呆了。

故事的结局，就是王子与七公主从此一起过上了幸福快乐的日子。

失去，从某种意义上来讲或许是一种福气，但我们虽然也懂得这样的道理，却常常做不到不因为失去而忧虑。

俄国伟大诗人普希金在一首诗中写道："一切都是暂时的，一切都会消逝，让失去的变为可爱。"居里夫人的一次"幸运失去"就是最好的说明。

1883 年，天真烂漫的玛丽亚（居里夫人）中学毕业后，因家境贫寒没有钱去巴黎上大学，只好到一个乡绅家里去当家庭教师。她与乡绅的大儿子卡西密尔相爱，在他俩计划结婚时，却遭到卡西密尔父母的反对。这两位老人深知玛丽亚生性聪明、品德端正，但是，贫穷的女教师怎么能与自己家庭的钱财和身份相称？卡西密尔的父亲大发雷霆，他的母亲几乎晕了过去，卡西密尔屈从了父母的意志。

失恋的痛苦折磨着玛丽亚，她曾有过"向尘世告别"的念头。但玛丽亚毕竟不是平凡的女人，她除了个人的爱恋，还爱着科学和自己的亲人。于是，她放下情缘，刻苦自学，并帮助当地贫苦农民的孩子学习。几年后，她又与卡西密尔进行了最后一次谈话，卡西密尔还是那样优柔寡断。她终于砍断了这根爱恋的绳索，去巴黎求学。这一次"幸运的失恋"就是一次失去。如果没有这次失去，她的历史将改写，世界上就会少了一位伟大的科学家。

或许，关于失去，我们可以学一学下面这位先生的从容淡定。

125

一个人坐在轮船的甲板上看报纸，突然一阵大风把他新买的帽子刮落到大海中。只见他用手摸了一下头，看看正在飘落的帽子，又继续看起报纸来。另一个人大惑不解："先生，你的帽子被刮入大海了！""知道了，谢谢！"他仍然继续读报。"可那帽子值几十美元呢！""是的，我正在考虑怎样省钱再买一顶呢！帽子丢了，我很心疼，可它还能回来吗？"说完那人又继续看起报纸。

的确，失去的已经失去，何必为之大惊小怪或耿耿于怀呢？

许多人都有过丢失某种重要或心爱之物的经历。比如刚发的工资不小心丢失了，最喜爱的自行车被盗了，相处了好几年的恋人拂袖而去了等，这些大都会在我们的心理上投下阴影，有时我们甚至会因此而备受折磨。究其原因，就是我们没有调整心态去面对失去，没有从心理上承认失去，只沉湎于已不存在的过去，而没有想到去创造新的未来。人们安慰丢东西的人时常会说："旧的不去，新的不来。"其实事实正是如此，与其为失去的自行车懊悔，不如考虑怎样才能再买一辆新的；与其为恋人向你"拜拜"而痛不欲生，不如振作起来，重新开始，去赢得新的爱情……

唐代伟大的文学家柳宗元在《蝜蝂传》中说，有一种善于背东西的小虫蝜蝂，行走时遇见东西就拾起来放在自己的背上，高昂着头往前走。它的背很粗糙，所以堆放在上面的东西掉不下来。结果它背上的东西越来越多，越来越重。不停止的贪婪行为，终于使它累倒在地。

也有人说，什么都想得到的人，最后将什么都得不到！

人生就是在得与失之中慢慢流逝，任何获得的背后都是失去，同理，任何失去的后面也包含着得到。比如你去做一件事情并且成功了，表面上你是获得了财富、权力等，但你同时失去的是选择做其他事情的机会，这就是所谓的"机会成本"。

每个人都有过失去，但对其所持的心态却不同。有的人总是向别人反复表明他失去的东西有多么好、有多么的珍贵，这是很没有必要的。但是有些人却表现不同，比如，他们在失去了原有的工作之后，不是一味地伤感，而是主动寻找新的工作。他们相信，失去并不意味着失败，失去后还可以重新拥有。这才是成功者应具备的心态。

自嘲是人生的诙谐曲

关于嘲笑，富兰克林·罗斯福曾经说过："笑的金科玉律是，不论你想笑别人怎样，先笑你自己。"有时嘲笑一下自己也体现了一种美德。一个善于自嘲的人，往往是一个富有智慧和情趣的人，也是一个勇敢和坦诚的人，更是一个将自己上上下下、里里外外都看得很明白的人。自嘲是一种鲜活的做人态度，它可以使原本颇为沉重的焦虑刹那间变得无比轻松，从而让人能时刻保持一种平衡的心境。

有这样一则故事，不管是传说也好，还是演绎也罢，我们从中看出的是大哲学家苏格拉底在生活中深厚的修养。

据说，苏格拉底的妻子是一个性格彪悍粗暴的女人，生活中时常对他乱发一通脾气。而苏格拉底逢人便自嘲道："娶这样的女人为妻让我受益匪浅，不仅可以锻炼我的忍耐力，还能加深我的人格修养。"

某天晚上，他的老婆甚至连一点小事的起因都没有，无缘无故地又发起脾气来，大吵大闹，无论苏格拉底怎样劝说都不肯罢休。

无奈下，苏格拉底只好退避三舍，去外面走走。可没想到，他刚走出家门，那位怒气未消的夫人就从楼上突然倒下一大盆冷水，恰好全部浇在了苏格拉底头上，瞬间他浑身上下就湿透了，俨然一只落汤鸡。

这时，只见苏格拉底打了个寒战，不慌不忙地自言自语说："我早就知道，响雷过后必有大雨，果然不出我所料。"

纵使苏格拉底有万般的无可奈何，但他带有自嘲意味的讥讽，使自己从这一窘境中超脱出来。化怒气为"糨糊"，给自己一颗"宽心丸"的同时，也让乏味枯燥的生活重新恢复了弹性。

笑笑自己的狼狈处境，笑笑自己的观念、遭遇、缺点乃至失误，看似显得愚钝轻视，实际上是一种对生活释然、对命运达观的大智慧。

人生不如意之事常有八九。面对凄风苦雨的侵袭，在恶劣的环境中，就更应该抱有一颗感恩而知足的心去面对生活。心理学家认为，懂得自嘲的人，不仅活得快乐、自信，而且心胸必然宽阔，一生过得也将达观而坦荡。

古代有一个叫梁灏的文人，一生都心心念着通过科举功名而报效国家。他从小就立下誓言，不中状元誓不为人。

然而世事难料，梁灏从少年考到青年，又从青年考到壮年，寒暑冬夏十余载却屡试不中，受尽别人讥笑。但梁灏并不在意，他总是自我解嘲地说，这一次考完后如果没中，就是离状元又近了一步。

在这种自嘲的心理状态中，梁灏从后晋天福三年开始应试，历经后汉、后周，直到宋太宗雍熙二年，终于考中了状元。

他曾写过一首自嘲诗："天福三年来应试，雍熙二年始成名。待他白发头中满，且喜青云足下生。观榜更无朋侪辈，到家唯有子孙迎。也知少年登科好，怎奈龙头属老成。"

在漫长的坎坷中，梁灏就是凭着一种鲜活而轻松的自我解嘲而终于走向了成功。自嘲，也使他走向了长寿，活过了古代难以逾越的九旬高龄。

有时候，一个小笑话、一段小故事，或者转述一句妙语、一则趣谈，都能让我们摆脱尴尬的窘境，让原本颇为沉重的气氛瞬间变得轻松起来。甚至保护了自己的周全，让他人砸过来的重拳如同落在了棉花之上。

让我们陷入难堪的，往往都是由于自身原因如外貌的缺陷、自身的缺点、言行的失误等造成的一些"话柄"。而陷入尴尬之境的，大都是自卑而执拗的人；拥有自信的人却能较好地化解，于无形处维护了自尊。对影响自身形象的种种不足之处大胆而巧妙地加以自嘲，不但不会降低我们的人格，反而能出人意料地展示自信，在迅速摆脱窘境的同时展示我们潇洒不羁的交际魅力。美国赫伯·特鲁在《幽默的人生》一书中把自我解嘲列入最高层次的幽默。如果能结合具体的交际场合和语言环境，把自己的难堪巧妙地融进话题并引出富有教育启迪意义的道理，则更是妙不可言。

凡是能操纵最高级的语言艺术——幽默的人已经是"智力过剩

者"，那么能使用最高境界的幽默——自嘲作为武器者，便堪称人情操纵场上的"无冕之王"。无论怎样，嘲笑自己的长相，或嘲笑自己做得不是很漂亮的事情，会给他人传递出一种和蔼可亲的人情味。同时，也让我们逐渐练就了更为豁达的心性，从而活出洒脱宽荡的人生。

不去琢磨不是傻，是一种境界

《菜根谭》中早有训导："智械机巧，不知者为高，知之而不用者为尤高。"这种"知之而不用"在待人处世上就被有些人称作傻。但恰恰，有时候迟钝一点，傻一点，往往要比过于敏感、过于聪明更加顺畅。

这种傻并不是生理上的缺陷，而是心理上的一种大智慧。不去争抢不是傻，是一种风度；不去琢磨不是傻，是一种境界。即使吃了一点亏，也因自身的光明磊落而保全了我们的人格。给人信任，予己安全，如此晴朗的心境，傻一点又何妨？

早有古语说"聪明反被聪明误"，历史上不知有多少被"耽误"了的精明人。还有一句老话是说"傻人有傻福"，傻人用他最大的"傻"资本无意中得到的，可能比聪明人费尽心机谋取的还要多。

因为傻，便容易知足：有吃有穿就幸福，别人再好的东西也不羡慕。因为傻，便没有了焦虑，长寿了身体：不去绞尽脑汁地焦虑与琢磨，活得自在，活得坦然。因为傻，便给人以信任，给人以安全：人们往往要首先解除了戒备，才有可能相互靠近；那憨憨的傻态，让人感到一种发自内心的真诚和友好。因为傻，便予己于快乐，予己于幸福：没有了那么多的焦虑多疑，屏蔽了锋利和残酷，脾气自然也就随和了，心性自然也就宽容了。

一部《阿甘正传》，传递了多少感动，又正色了多少纠纷。

阿甘是一个智商低于80，从小呆头呆脑的弱智。他思想简单、目标单一、行动始终，被所有人以"傻子"唤来唤去。然而，全美足球明星、越战英雄、亿万富翁，这些头衔又不断地被阿甘得到。当一群孩子要欺负阿甘的时候，他的女伴告诉他快跑！脚跛的他单纯地听从了，没命地跑，快得超过了正常的男孩；球场上，教练告诉他："什么都别想，抢着球就跑！"他又单纯地听从了，结果他跑来了大学毕业证，跑成了"球星"；越南战场上，他的上级告诉他："遇见危险就跑！"他再次单纯地遵从，最后不但平安归来，还跑成了"国家英雄"。

对于这样的"傻"行为，阿甘在立志要完成好友生前心愿一事上自己给出了回答。他并没有考虑去做鱼虾生意会给自己带来什么好处、什么恶果，只是单纯地认为这是好友的心愿而必须帮他完成。人们对此举动大家嘲笑，而阿甘只是毫不介意地回答："傻人做傻事。"

也许，果真如老子所说："少则得，多则惑。"知道得越少，反而收获越多；知道得越多，反而越会迷惑。如此说来，简单纯明的人更容易成功。而阿甘则正是这样一个简单的"傻子"，他的思维方式跟常人比起来要简单得多，不会考虑他的行动将会带来多少好处，若是认为这是应该做的，他就去做。阿甘善于把所有的问题都简单化，简单到只剩下了直奔成功。

可以说，他的头脑非常单纯，对一切事物似乎都茫然无知，如一个刚出生的婴儿一样纯真。由于他的傻，阿甘在做一件事的过程中，可以摒弃许多凡人所具有的疑思顾虑、患得患失；一旦认定目标，就会完全投入其中，达到浑然忘我的境界。阿甘通过自己独特的思维方式将复杂的万象简单化，而常人却往往无法摆脱自身定向思维的框架，将自身的思维方式作为衡量的尺度，进而把眼光局限在事物的表层，忽略了事物的本质。

往往，傻人因为他的简单和实在，给人一种安全感和信任感。和傻人在一起，不用再防备算计、担心陷阱，身心自然也就放松了。在傻人面前，人们很容易确立自己的优势；有了自信，对方也就变得随性，彼此之间也就和谐了。

赵迪从小没有什么文化背景，因偶然的机会在家乡搞起了日用品批发，做起了分销商。

他做生意与别人不太一样：在与每个分销商分红时，赵迪主动提出自己拿小头，大头给对方。如此一来，凡是和他有过接触的人，都成了他的"回头客"，不仅愿意再次与他合作，并且还会介绍一些朋友给赵迪。时间不长，赵迪在圈子里就有了厚道的口碑，生意出奇的好。仅仅两三年的光景，就摇身一变成为了一名总经销。

在被问及成功秘诀时，赵迪总是憨憨地笑。其实他知道，把许多小头集中起来便成了大头，他才是真正的赢家。

当然，不一定所有的"傻"都能换来"福报"。但如果是纯粹为了得到"福报"而傻，那么这个"傻"也就又成了另一种取巧。这里的"傻"，是胸怀的坦诚和单纯。心地纯净，私念就少，烦恼也就少。如此，做事便更加顺畅，做人便更加平和。

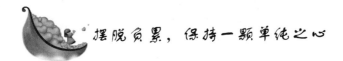

摆脱负累，保持一颗单纯之心

大文豪托尔斯泰说过："没有单纯、善良和真实，就没有伟大。"单纯是一种简单而纯真的关系。它的意义在于萌动心灵的意识，用单纯的心去接近生活中复杂事物的真实层面。正是这样一种渴望和祈求，创造了人性纯真而朴实的爱，让我们感受到一种淡然而脉脉滋润着的快乐。

往往，思想和行为的过度倾向只会减损快乐，掩蔽基本价值。快乐来自于心中有爱，有信仰和希望，这些都是人性最本初的质朴。所以可以这样说，快乐根植于单纯。保持一颗单纯的心，于事，专注踏实；于人，友善真诚。在现实生活中显现出一种至纯至简的情怀，驶往人生幸福的彼岸。

人生之初，苦难与死亡就已经注定要去面对：苦难就像一只饥饿的老虎，或尾随或追赶；死亡如同一头凶猛的狮子，一直在悬崖的尽头等待。而白天与黑夜，就像一白一黑两只老鼠，不停地啃噬着我们暂时栖身的生活之树，直到总有一天我们会跌入狮子的口中。

一个年轻人在森林中探险的时候，突遇一只老虎。老虎饥饿的眼神告诉他，即使不一定能跑得过老虎，但除了拼尽全力逃离之外，他别无选择。最后，老虎的穷追不舍把他逼到了一个断崖边上。

俯瞰悬崖下，年轻人想：与其被老虎活活咬死，还不如跳下悬崖，说不定还有一线生机。于是便纵身一跳。然而人在半空中却停住了，睁眼一看，自己被挂在了一棵长在悬崖边的梅树上，树上结满了梅子。

年轻人如获重生，喜从心生。正在这时，一声闷雷似的吼声从他脚底下的断崖深处传来。他用余光一瞥，一只凶猛的狮子正在崖底踱来踱去地抬头望着他。

年轻人刚放下的心瞬间又提到了嗓子眼儿，更不妙的是，他的耳边传来了一阵窸窸窣窣的声音：两只老鼠正在用力地咬着梅树的树干。

他惊慌得几乎颤抖起来，这让本来就不怎么壮实的树干也跟着晃动。这时，年轻人转而一想：既然已经这样了，我不如不要这么紧张；万一没被摔死、咬死，反而倒被吓死了，那岂不是太亏了？

这样一想，年轻人真的就慢慢平静下来了。没过多久，情绪平复的他感到肚子有点饿了，看到手边的梅子长得正好，便顺手摘了一些吃起来，他甚至感到自己从来没吃过那么酸甜可口的梅子。吃完后，困意渐浓。年轻人心想：反正迟早都是死，还不如趁着死之前好好睡上一觉呢。于是，他闭上眼睛，在一个三角形的枝杈上沉沉地睡去。

不知过了多长时间，等他睡醒后再次睁开眼睛的时候，他甚至都有些不敢相信自己看到的：小老鼠不见了，老虎、狮子也不见了。最终，年轻人顺着树枝，小心翼翼地攀上悬崖，脱离了险境。

原来，就在他睡熟的时候，饥饿的老虎按捺不住，跃下悬崖。两只小老鼠听到老虎的吼声，都惊慌而逃。跳下悬崖的老虎与崖下的狮子经过激烈打斗，也都双双负伤而遁。

既然对生命最坏的结果已了然于胸，那么剩下要做的，便是在此之前的过程：安然享受树上甜美的果子，然后平静地睡去——怀着这样一颗单纯的心，我们在起点与终点之间的生活过程才会健康而美好。

只有去除内心的负担，我们才能拥有宽阔的胸襟和健康的心态。当摒弃内心的一切杂念，以豁达之心、纯简之态去看待世事仁人，我们便会让他人感受到一种理解和关心，同时也获得了自身心情的愉悦和灵魂的升华。

而往往，在现实生活中，我们熟悉的却是这样的感觉：

当你想开怀大笑的时候，你紧憋着不敢笑出声来；

当你感到伤心郁闷的时候，你又强忍着眼泪，没让它掉下来；

你说心里充满了忧郁，可你有没有想过那些忧郁源自哪里，或者说它们到底存不存在？

你标榜自己感情丰富，而你的感情又是针对什么呢？自己、朋友、家人，还是对生活？

你解释说，这都是因为自己长大了，不能再像以前那么幼稚了；应该多思考，思考生活，思考一切。别人都在欢笑，而你却一直保持严肃的面容，一个人呆坐在角落。

生活，其实很简单，变得复杂的，是我们的内心。就像一面镜子，我们心里装着什么，折射出来的世界就是什么样子。当我们用内心的狭隘、怀疑甚至卑劣等邪恶的品质搅扰着内心的纯净时，心灵便滑向了黑暗的深渊；相反，当心中充满了善良、真诚、仁爱、责任等美好品性时，蒙蔽心灵的阵阵烟雾就会渐渐散去，我们便实现了人格的升华和心灵的澄净。

很多时候，负累在心灵上的包袱都是我们的"智慧"创造的。要想活得轻松，并实现内心的欢愉和安宁，不妨单纯一些、愚钝一些；用简单纯洁的眼光和善良慈爱的天性去填充心灵的空间。要记得，爱里是没有惧怕的。

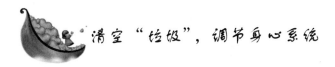

清空"垃圾"，调节身心系统

众所周知，电脑系统中专门配置了"回收站"，用来收集那些已删除的垃圾文件。连接网络的电脑每天都会产生成百上千兆的垃圾信息，必须定期清空，否则就会影响到机子的运行速度。

而在每一个人的心灵深处，也都有一个"回收站"，同样被装载了很多"垃圾信息"。只有定期清空，才不至于让这些"垃圾"填满心灵、危害身心，进而吞噬灵魂。"CPU"的回收站清空了，才会使整个身心系统运行畅快，空间旷达而明丽。

一个年纪轻轻的男子事业初成，被所有人赞誉为"进取向上"。可他自己却感到生活越来越沉重，心脏的负荷越来越大。于是，便千里迢迢来见智者，寻求解脱之法。

智者给男子一个篓子，让他背在肩上，并指着一条沙砾路说："沿着这条路，你每走一步就捡一块石头放进去。回来后告诉我有什么感觉。"

过了一会儿，男子走到了头，对智者说："我每走一步就觉得后背的分量又重了一点，这使得我不得不把腰又往下弯了一截，胸又往里含了一些，所以感到心脏越来越憋得慌。"

智者笑笑，对年轻男子说："其实，你自己已经回答了你为什么感觉生活越来越沉重的原因。当我们来到这个世界上时，每个人都背着一个空篓子。随后，我们每走一步都要从生命的旅途中捡一样东西放进去，所以才有了越来越累的感觉。"

为什么现在的人们都会感到活得疲惫，甚至发出"快要崩溃"的呐喊？想来，就像这个年轻男子一样，在不断"追求"和"进取"的过程中，遭遇困境、嫉妒、争夺，由此产生了许多"成功"的"附属品"：抱怨、怀疑、消极……它们像垃圾一样，被丢到每一个人心灵深处的某个角落。

诚然，生活的压力、工作的竞争的确会让人经常处于紧张状态；然而夜深人静，当我们审视自己内心的时候，却不得不承认，我们心灵的回收站里已经装载了太多的"垃圾信息"。所有的欲望汇聚成一片汪洋，我们的心灵便在其中载沉载浮，无法自拔。如此，我们生活的"系统"怎能不被痛苦和焦虑的"病毒"攻击至瘫痪呢？

或许，我们也会逐渐意识到一些陈芝麻烂谷子的过期"文件"对自己是个祸害，所以就把它们归放在心底某一角落的"回收站"，搁置不理。以为这样就已经把它们丢到了脑后，为心灵腾出了空间。

然而，很多人都会有这样的体会：每隔一段时间，无名的抑郁与困扰总会萦绕于心，产生一种说不出的烦躁和焦虑。要知道，冰冻三尺，非一日之寒。种种不良的情绪并非单单由某件事情一时引起的，而是由很多愁思长时间堆积而成的。

有时候，一件突发的事情并不至于令我们怒发冲冠、暴跳如雷；但如果在这件突发事情之前，已经有许多不快积压于心，这便成了定时炸弹，一触即发。其实，每个人都不想把事态弄得如此复杂，更不想让自己如此没有风度，但沉默的火山一旦爆发，便一发而不可收。

这就如同生活中的垃圾，如果每天下楼时不顺手带下去的话，房间就无法保持干净整洁，空气也就不再清新。更可怕的是，它们会时常跳蹿出来，重新浮现在我们脑海之中，让我们如牛反刍，流汤化脓，腐蚀心灵。

她生性怀旧，细腻而敏感，总喜欢收藏生活中的点点滴滴。结果泥沙俱下，日积月累，从第一根杂草到丛生的荒芜，以至于艰于呼吸，难于视听，颇有不堪重负的感觉。

每当此时，亲朋好友便总会开导她，不能让自己总纠缠在昨天的回忆中，你应该走出并清空心灵的阴影，去涉足那清新奔流的小溪，活出一份新鲜与明丽。

后来她发现，当一个人真能清除烦恼和痛苦，记住快乐和幸福时，便会突然感到原来人可以活得这样轻松、这样自在、这样潇洒；生命的美丽和精彩是那样简单而朴素。

当我们乘上时代快车的那一刻开始，就注定了要面临机遇与竞争压力并存的局面。在人生取得一个又一个"辉煌"的同时，倦怠而失意的情绪也接踵而至。孤独寂寞、憋闷疲惫，如果所有这些负面情绪不能得到及时有效地发泄与排解，日积月累，就有可能导致"死机"甚至"系统崩溃"。

当然，我们完全可以把经验、关怀、友谊、爱情等都存放在心灵中"我的文档"里，但同时也要懂得"清空"。敢于清空是一种智慧：清空个人的恩怨，可以获得平和的心态和融洽的人际关系；清空伤害带来的阴影，可以摆脱恐惧和烦恼的纠缠；清空曾经成功

135

的沾沾自喜，可以永远保持进取的姿态。只有让心灵"回收站"里保持清爽，我们才会轻松和洁净，才会不为世事所累，不让名利缠身。

因此，时常用个人独有的"优化工具"清理一下"信息垃圾"，对心灵的回收站做一次彻底的清空，无疑是让我们心理扩容的最好方法。这个"优化工具"，可以是我的"平常心"，也可以是你的"归零欲"，亦可以是他的"空杯态"。只要能让整个身心系统运行畅快，旷达而明丽的，就是属于你自己最好的优化工具和优化频率。

如此，心灵便能重新拥有本来的空间，去容纳一些快乐的事情，让我们有更多的精力和更新鲜的活力去做好分内的事情。

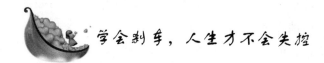

学会刹车，人生才不会失控

有位哲人曾经说："当我们正在为生活疲于奔命的时候，生活已经离我们而去。"匆忙的人生列车不可能一直都奔跑下去，只有在中途刹车停下来，适时补充给养，才能更有动力地朝着下一阶段的目标前进。

衡量一辆车的等级优劣，最重要的条件之一就是看它的制动系统。所谓"制动"，有"制"才有动。如同在漫长的人生旅途中，只有懂得并善于"刹车"的人，才最有可能实现长远的目标。

几年前，他的电脑里新装了一款飞车游戏。真实的场景、方便的操作，玩起来很是上手。尤其是急速行驶时，车"飞"起来的刺激更是让他沉迷。

玩游戏时，他不断加速、加速，两旁的建筑物飞似的后退，他完全沉浸于飞驰的刺激当中。不好，前方突然有个急弯，由于车速太快而来不及转弯，车撞上了路旁的建筑。在他调整车身时，后边的车手从身边疾驰而过，瞬间便消失了踪影。所以，他虽然极喜欢这款游戏，却一直没有获得过游戏中的名次——在享受疾驰乐趣的时候因为突然出现的急弯使车倾翻，浪费了时间，使他远远地落在最后。

他的舍友也玩飞车，同样的弯道，舍友却能自如地穿过。

问及原因，舍友很不在意地说："你刹车啊。"

的确，如此简单的一个道理，他却需要别人的提醒：刹车减速不就可以很容易地转过那个急弯了吗？转过弯后再加速，没有了调整车身的麻烦，不知节省了多少时间。如此，跑第一也就没那么难了。

几乎在所有驾车教练的口中，刹车都是最基本、最简单，但也是最重要的原则。开快车的感觉的确会很刺激，但关键是提速之后的处理：怎样保证在最紧急的时候能够刹住车？更进一步来说，我们如何保证不会失控？

想要跑得快，首先要学会能够及时地停车，才不用担心因为车速过高而出现车毁人亡的后果，才可以放开手脚地去奔驰。开车时，一个懂得随时准备好刹车的人才算得上是一名好司机。如果当看到危险后才开始刹车，往往为时已晚。

在跑长途路时，老司机都知道有这样一个重要法则：要不定期地踩一脚刹车，一是为了防止车速过快而来不及处理紧急情况，另一方面，也是为了时刻把握刹车的灵性。也就是说，一味地加速再加速，是要担负着最终让刹车失灵的极大风险。而在平日的行驶中，也要适时地停下来看一看车子的各个部件是否完好，性能是否优良；除此之外，还要定期给车子清洗、保养、抛光、打蜡等，以延长车子的寿命。

从某种意义上来讲，人和车一样，也是一台机器。长时间不停地奔跑，对于车来说会出现抛锚的损害，而对于人，也许后果就会更加严重。在现实生活中，工作、应酬、发财、名利……为了实现一个又一个的目标，满足一个又一个的欲望，我们每天都在这条"人生"的道路上匆忙地奔跑着，从未停止过，纵然身心疲惫，伤痕累累。岂知我们这台机器也有倦怠、抛锚的时候，也需要我们能够及时"刹车"，抖落尘埃，修复创伤，恢复元气，看看前方的路是否能继续走得通。

在行车中学会刹车犹如在生活中学会自控，行车失控犹如行为

137

失控、感情失控、精神失控，都会给我们带来很大的祸患。学会刹车，才能安心上路；学会自控，才能安心生活。

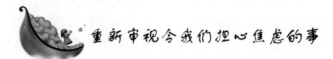 重新审视令我们担心焦虑的事

"再回头看一遍那些曾经无比困扰过我们的事，就会发现竟然没有一件不是琐碎的小事。"这是著名成功学大师卡耐基对他的学员们所说的话。如果现在重新审视那些曾经让我们头痛不堪、烦扰无比的"过不去的坎儿"，就会发现占据了我们内心大部分空间的，几乎有99%都是琐碎的小事。它们带来了无数垃圾，充扰并腐蚀着心灵。

有一位中年农夫，时常感到生活的枯燥和困苦，便上山找到一位禅师，哭诉道："禅师，几十年了，我一直没有感到生活中有丝毫的快乐——房子太小、孩子太多、妻子性格暴躁……您说我应该怎么办啊？"

禅师想了想，问他："你们家有牛吗？"

"有。"农夫点了点头。

"你回去后，把牛赶进屋子里来饲养。"

虽然农夫有些丈二和尚摸不着头脑，但他很虔诚地听从了禅师的指导。可一个星期后，农夫又来找禅师诉说自己的不幸。

禅师问他："你们家有羊吗？"

农夫说："有。"

"那就把它放到屋子里饲养吧。"

可这些丝毫都没有扭转农夫的苦恼。于是他又找到禅师。禅师问他："你们家有鸡吗？"

"有啊，并且不止一只呢。"

"那就把你所有的鸡都带进屋子里去养。"

从此以后，农夫的屋子里便有了七八个孩子的哭声、太太的呵斥声、一头牛、两只羊、十多只鸡。三天后，农夫就受不了了。他再度来找禅师，请他帮忙。

"把牛、羊、鸡全都赶到外面去吧！"禅师说。

第二天，农夫来看禅师，兴奋地说："太好了，我家变得又宽又大，还很安静。我感到从未有过的愉快啊！"

事实上，农夫的日子与以前相比没有丝毫的改变，但从此以后他却感到生活中处处充满了乐趣。也就是说，原来在农夫看来的烦扰，比起后来的骚乱，简直是可以忽略不计了。

如此看来，我们就要学会经常重新审视一下那些困扰着自己的事情，到底有多少危急的成分是值得我们真正担心焦虑的。不要身陷于眼前的状况，那样很容易就会把事实的本质无限扩大，给自己徒增枷锁。

生活的实例告诉我们，快乐和烦恼是一对孪生兄弟，就像硬币的两面。选择了烦恼，就只能成为痛苦的奴隶；若翻转一面，即可拥有快乐的翅膀。真正的快乐是一种心境，是一种为营造和保持良好心境而做出的正确选择。

曾经，科学家对人的忧虑进行过科学的量化统计。结果发现，几乎96%的忧虑是毫无必要的。统计显示，40%的忧虑是关于未来的事情；30%的忧虑是关于过去的事情；22%的忧虑是来自微不足道的小事；4%的忧虑是来自我们改变不了的事实；剩下的4%的忧虑是来自那些我们正在做着的事情。

快乐是自找的，困扰也是自找的。所以，每当唉声叹气、忧心忡忡的时候，不妨把我们烦恼忧愁的具体事件写下来，然后按照上述科学家的发现为自己的困扰归类，看看它是属于哪一个部分里的。最后很可能连我们自己都感到可笑而费解：当时为什么会被这样的事折磨得死去活来？真是没有必要。

这是一件发生在第二次世界大战时期真实而富有戏剧性的事情，讲述者正是故事的主人公罗勃·魔尔。

1945年3月，我在中南半岛附近276英尺深的海下，学到了一生中最重要的一课。

当时，我正在一艘潜水艇上。我们从雷达发现一支日军舰队——一艘驱逐护航舰、一艘油轮和一艘布雷舰——朝我们这边开来。我们发射了三枚鱼雷，都没有击中。

第六章 摒弃焦虑：焦虑是人生最丑陋的皱纹

突然，那艘布雷舰冲着我们直愣愣地开来。（一架日本飞机，把我们的位置用无线电通知了它）我们潜到了150英尺深的地方，以免被它侦察到，同时做好了应付深水炸弹的准备。同时还关闭了整个冷却系统，和所有的发电机器。

3分钟后，天崩地裂。六枚深水炸弹在四周炸开，把我们直压海底下276英尺的地方。深水炸弹不停地投下，整整15个小时，有十几、二十个就在离我们五十英尺左右的地方爆炸——若深水炸弹距离潜水艇接近17英尺的话，潜艇就会炸出一个洞来。

当时，我们奉命静躺在自己的床上，保持镇定。我吓得无法呼吸，不停地对自己说：这下死定了……潜水艇里的温度几乎有一百多度，可我却怕得全身发冷，一阵阵直冒冷汗。

15个小时后，攻击停止了，显然那艘布雷船用光了所有的炸弹后开走了。而这15个小时，在我感觉好像有1500万年。我过去的生活在眼前一一出现，我记起了做过的所有坏事和曾经担心过的一些很无聊的小事：我曾担忧过，没有钱买自己的房子，没有钱买车，没有钱给妻子买好衣服。下班回家，常常和妻子为一点芝麻事而吵架。我还为自己额头上一个小疤——一次车祸留下的伤痕发过愁。

多年之前那些令人发愁的事，在深水炸弹威胁生命时，显得是那么荒谬、渺小。我对自己发誓，如果我还有机会再看到太阳和星星的话，我永远不会再忧愁了。

在那15个小时里，我从生活中学到的，比我在大学念四年书学到的还要多得多。

在重新审视过那些困扰过我们的事情后，会惊奇地发现一个"怪象"：人们往往都能很勇敢地面对生活中那些偌大的危机，却常常被一些琐碎的小事搞得垂头丧气。如此而言，当我们再次被所遇到的"困境"搅得团团转的时候，请静下心来告诉自己这样一个事实：生命太短促——眼下的这件事真的值得我丢不开放不下吗？

这样，我们的心灵空间就会腾出不少地方，恢复它本应有的空旷和达观。没有了一件件小事的骚扰，内心世界自然就会变得清静。在重新翻过一遍土的田地上，无论是开的花还是结的果，都将是纯美而健硕的。

这一刻，降低你的期望值

关于幸福感，经济学上有个简单而有意思的公式：幸福 = 效率/期望值。显而易见，商值的提高无非两种途径：增大分母，降低分子。首先，提高效率，究竟是能增加幸福感还是会使人变得更加紧张焦虑，这尚且处于争议之中；且这是个并非短时间内就能有所改善的"技术活"，所以我们在此就不予讨论了。

那么，降低期望值就是一个更为现实而有效的方法。因为，它仅仅涉及一个心态调整的过程。只要不奢求过多，可接受的范围就将扩充不少。心理学对"期望值"有着这样两方面的定义：

期望值是指人们对自己的行为和努力能否导致所企求之结果的主观估计，即根据个体经验判断实现其目标可能性的大小。

期望值是指社会大众对处在某一社会地位、角色的个人或阶层所应当具有的道德水准和人生观、价值观的全部内涵的一种主观愿望。

同时，针对很多的烦恼，心理学家认为可以遵循以下一些方法去行事：

当期望值无法得到满足的时候，最有效也是最简便的一个技巧就是，降低你的期望值。通过提问，认真倾听自己内心最真实的声音，从而准确地掌握期望值中最为重要的部分，然后对其进行有效的排序。

由此可以看出，期望值这个底盘越大，幸福感的塔顶便越尖细——无论这种期望是对物质，还是精神。

在现实生活中，人们总是不断地设置一个又一个的期望"高地"，然后一个又一个地去攻克、去占领，以为这样便可以得到幸福。殊不知，习惯了不断提高期望值的思维后，当我们费尽心机地实现了这个目标，消除了一个烦恼后，很快，便又会产生新的、没有实现的目标，继而又会为此烦恼。如此反复，永无尽头。

第六章　摒弃焦虑：焦虑是人生最丑陋的皱纹

从那个关于幸福的经济学公式来看，一个人体会幸福的感觉不仅与现实有关，还与自己的期望值紧密相连。如果期望值大于显示值，人们就会失望；反之，就会快乐。在同样的现实面前，由于期望值不一样，我们的心情和体会就会产生差异。

往往，一些过高的期望其实并不能给我们带来快乐，却反而一直左右着我们的生活：不满足于"蜗居"的现状，在寸土寸金的房地产时代为了一套宽敞豪华的寓所而拼命；身边有一个爱你的人还不够，非要在大千世界里苦苦追求那个你爱的人，才算是拥有了完美的婚姻；孩子择校时，区重点不行，非要享受到全市最好的教育，才有可能成为最有出息的人；努力工作以争取更高的社会地位和金钱，这样才能买高档商品，穿名贵皮革，跟上流行的大潮，永不落伍……

可是，富裕奢华的生活是需要付出巨大代价的，而且并不能带给人相应的幸福感。如果我们降低对物质的需求，改变这种奢华的生活目标，就将会节省出更多的时间来充实自己。轻闲的生活会让人更加自信而果敢，懂得珍视人与人之间的情感，以提高生活质量。幸福、快乐、轻松就是简单生活追求的目标，这样的生活才更能让人体味到"原生态"的甘醇。

由此可以说，当我们对生活感到失望时，几乎都是因为对经历过的事情抱有太高的期望。我们把生活想象得应该是以某种特定的方式呈现，但凡和事先预想的不一样，就会感到沮丧万分。

其实，如果仔细回想一下曾经走过的路便不难发现，在自己整个的生命历程中，至少某些部分是合乎我们所期许的。人只有在不同条件、不同阶段中随时调整自己的目标、心态和期望，才不至于被日子所奴役。当我们试着把期望值降低时，即使事情最后没有达到预期的效果，也不会因此太过失望。

降低期望值，就从这一刻开始吧。通过心理调节，使自己能够平静地对待目标，从而减轻或消除心理负担。在这个世界上所有获得幸福的途径中，这种方法的投入产出比也许是最高的。

但有一点需要注意的是，降低期望并不是让我们放弃认真地工作，懈怠于生活。这只是意味着，只要尽力而为了，就不必太在意

计较、嫉妒、记恨：人生的三大敌人

结果是否合乎预期。因为，沉淀下来的生活才能让人体悟到生命的真谛所在。而这种沉淀就要求内心对周围一切的期望是简朴的。

的确，人生不同的结果起源于不同的心态。假如感到世界变得一片灰暗，那是因为你的内心不够阳光。只要降低一分期望，便会得到一分幸福。丢弃过高的要求，走近自己的内心，认真地体验生活、享受生活，我们就会发现，生活原本就是简单而富有乐趣的。

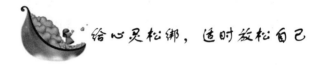

给心灵松绑，适时放松自己

"菩提本无树，明镜亦非台。本来无一物，何处惹尘埃。"这是一种何等空灵透彻的人生境界。

也许在现实生活中，我们一时无法企及至如此层次，但至少应该参透"天下本无事"的道理，做到不要"庸人自扰之"。往往，紧张焦虑就是给自己的捆绑。而解铃还需系铃人，能给自己心灵"松绑"的，也只有我们自己。

很多时候，我们的烦恼与忧虑都是自找的，不肯让自己放松下来，自己和自己较劲。就如同下面这个故事中的年轻男子一样：

一个年轻有为的男子已经有了令人羡慕的一切：能够从中获得成就感的事业、拥有健康身体的父母、温柔体贴的妻子……可他整日却心事重重，总说体会不到快乐的感觉。于是，男子毅然放下了手中的一切，四处去寻找解脱烦恼的秘诀。

有一天，他来到一个村落的山脚下。只见一望无边的稻田中，一位牧童骑在牛背上，吹着横笛。笛声悠扬，逍遥自在。

年轻人不禁走上前去询问："你看起来很快活，能教教我有什么方法能解脱烦恼吗？"

牧童欢快地说："来，和我一起骑在牛背上。笛子一吹，什么烦恼也没有了。"

这个年轻的男子试了试，心中仍然低沉郁闷。于是，他又继续寻找。

143

后来，男子来到一条河边，看见一位老翁坐在柳荫下，手持一根钓竿正在垂钓。老人神情怡然，自得其乐。

于是，男子走上前去鞠了一个躬："请问老翁，您能赐我解脱烦恼的办法吗？"

老翁看了他一眼，慢声慢气地说："来吧，孩子，跟我一起钓鱼，保管你没有烦恼。"

年轻男子又试了试，还是不怎么奏效。

无奈中，他只得再走下去，继续寻找。不久，他来到一个山洞里，看见洞内有一个老人独坐在洞中，脸上浮现出平和而安然的笑容。

年轻男子作了作揖，向老人说明来意。

长髯者微笑着摸摸胡须，问道："如此说来，你是来寻求解脱的？"

男子赶忙上前应和道："是啊。我已深受其苦，却一直久无良方。还望前辈不吝赐教啊！"

老人半晌不语，然后抬起头对男子笑笑："那么你跟我说说，是有谁捆住了你吗？"

"……没有。"

"既然没有人捆住你，又谈何解脱呢？"

确实，当我们在感慨被烦恼包围了的时候，也许从未曾细想过，生活本来无意与我们作对，和我们过不去的一直是我们自己而已。所谓的烦恼，大都是人们无故寻愁觅恨，从而捆绑住手脚的无形网罩。事实上，生活中99%的烦恼其实都不会发生。快乐的人前行，口袋里装的都是祝福；疲惫的人前行，口袋里装的都是烦怨。同样都是一条路走过来的人，只是快乐的人会把那些不必在意的庸扰丢掉，而疲惫的人却选择了捡起。这样的人生性过于敏感，以有思想、爱思考而自得；喜欢漫想，同时也喜欢把简单的事情想得过于复杂，让自己的心中盛满了太多本不应该有的东西。不知不觉中，烦庸淤杂的琐碎一圈一圈缠绕住了身心，直至把自己弄得动弹不得。这样的人生，活得何其劳累！

也许有人还不知道，文中开头提到的那首偈语的渊源，本是来自于第五代祖师遴选继承人时，一位神秀禅师所作的偈语："身是菩提树，心如明镜台。时时勤拂拭，莫使惹尘埃。"从更为现实的角度去看，也许这两句话对于生活中大多数性情中人来说更为合适，对于生活在熙熙攘攘、名来利往的现代社会中的人们更具有普遍的指导意义。

因为，作为一个在纷繁复杂的现代社会中不停奔波的普通人，虽然极其向往内心能达到无忧无愁、六根清净的人生境界，但即使是那些品质高尚、受到众人敬仰的人，其心灵深处同样也会或多或少地产生一些忧虑与消极的思想，由此给自己带来一些不必要的心理压力。

著名国画艺术大师张大千先生有一缕长长的胡须。一次，朋友无意间开了一句玩笑，问他晚上睡觉时胡须怎么放。结果那天晚上，他彻夜失眠了，不知道把胡须放到哪里才好。

就像张先生事后自己回忆时说："平常都不会担心这方面的事，怎么一在意就出问题了。"

只不过，像张先生一样的"简单之人"在面对内心烦忧之时，能够及时予以反省并修正，以此获得自我的解脱与心灵的宁静。正如神秀禅师所说的"时时勤拂拭，莫使惹尘埃"。

如此说来，要想获得身心的轻松，并实现内心真正的愉悦与安详，关键在于我们怀着怎样的方式去思考，抱着怎样的心态去生活。九九归一，是一种返璞归真的卸载与清零。只有卸去诸如消极虚伪的思想、懦弱偏执的个性、自暴自弃的心态这些心灵包袱，并用善良的天性和积极的姿态去弥补某种空虚时，才能纯净而轻松地享受生活。当我们用内心的慈善、勇气、高尚和真诚等美好的品质取代压迫心灵的种种负担之时，也就等于给自己"松了绑"，同时，更是实现了身性的纯净和人格的升华。

第六章 摒弃焦虑：焦虑是人生最丑陋的皱纹

145

学会关门，单纯地享受生活

白岩松在被问及如何应对紧张的工作压力时，只回答了简单的四个字："学会关门。"的确，漫漫长路，人生舞台，会有不同的布景搭建出贴有不同标签的空间环境。我们要学会在各种纷纭扰攘中"关门"，在贴着"情感"标签的房间充分享受情感，在贴着"工作"标签的房间充分展现工作能力，在贴着"休息"标签的房间安心休息。但是，享受每一刻纯粹生活的前提是，关上其他的房门。如此，"烦恼流"便不会随意涌入所有的人生空间。

英国前首相劳和·乔治有一个生活习惯：平日里，他每走过一扇门，便随手把身后的门关上。对此，乔治向朋友们微笑着解释说："我这一生都在关身后的门。你知道，这是必须做的事，当你关门时，也将过去的一切留在了后面，不管是美好的成就，还是让人懊恼的失误，然后，我们可以重新面对。"的确，在人生的旅途上，如果我们能"随手关门"，将烦恼抛在身后，那么在走出困境、实现人生价值的同时，也就获得了一份淡雅安宁的心志。

一个技工师傅被英国的一个农场主雇用来安装农舍的水管。可没想到开工的第一天，竟是这样度过的：先是技工驾车驶往农舍的路上，因为轮胎爆裂而足足耽误了两个小时。满身大汗地到了农舍，刚要干活时，又发现电钻也坏了。最后，连他让别人开来的那辆载重1吨的老爷车也抛锚了。费尽周折，技工总算是没有误了工作。到了收工时，雇主为表示感谢而开车送他回家。

到了家门口，技工邀请雇主进屋去喝杯茶。就在二人一起走向单元门时，技工忽然停住了脚步，没有马上进去。只见他闭上了眼睛，深深地吸了几口气，再伸出双手抚摸了一下门口旁边一棵小树的枝丫。

进了家门后，技工仿佛在瞬间换了一个人似的，满脸笑容，充满活力地抱起两个孩子，再给迎上来的妻子一个深情的吻。然后，热情地把这位雇主介绍给家人，并盛情招待。

雇主就在这一家人其乐融融的氛围中度过了一个愉快的晚上。离开时，技工把他送出了院门口。临走时，雇主终于按捺不住好奇心，向技工问道："看起来今天一天的辛苦和倒霉事并没有影响到你回家后的心情，你刚才临进门口时做的那个动作，有什么特别的用意吗？"

技工笑笑，爽快地回答说："是的，在外面工作总会遇到不顺心的事，可我不能把烦恼带进那个门，因为门里面有我的太太和孩子们。我就把一天的烦恼全都拎出来，暂时挂在树上，等到明天出门时再拿走——可奇怪的是，第二天出门时，我感到那些烦恼大半都已经不见了。"

如此可爱的人用他的智慧拥有了可爱的生活！其实，生活中的许多烦恼都是我们一时的忧虑造成的。也许用不了多长时间，环境转换了，心情自然也就随之转移。善于"关门"，就是要把烦恼与当下的环境隔绝，让自己"不在那个状态了"，自然就可以享受到比较纯粹的自我生活。

第七章　摒弃空想：脱离空想，行动改变人生

只想不做的人只能生产思想垃圾，成功是一把梯子，双手插在口袋里的人是爬不上去的。

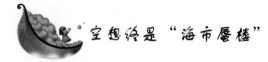

许多人往往只是看见理想或是梦想，却从不采取行动。著名的成功学家布莱克说："只想不做的人只能生产思想垃圾，成功是一把梯子，双手插在口袋里的人是爬不上去的。"

没有行动的空想是危险的，它会让美好的梦想化为泡影，毁掉本来充满希望的人生。思与行必须达到完美的统一，仅有宏图大志，却没有实际行动，就会沦为可悲的空想家。空想是没有丝毫价值的，我们应重新审视自我，结束空想，抓紧时间去努力、去奋斗！

有一个很落魄的青年人，每隔三两天就到教堂祈祷，而他的祷告词几乎每次都相同。

第一次，他来到教堂，跪在圣坛前，虔诚地低语："上帝啊，请念在我多年敬畏您的分上，让我中一次彩票吧！"

几天后，他又垂头丧气地来到教堂，同样跪着祈祷："上帝啊，为何不让我中一次彩票呢？请您让我中一次彩票吧！"

又过了几天，他再次去教堂，同样重复着他的祈祷。

如此周而复始，不间断地祈求着，直到有一天，他又跪着说："我的上帝，为何您听不到我的祈求？让我中彩票吧！只要一次就够了……"就在这时，圣坛上突然发出了一个洪亮的声音："我一直在垂听你的祷告，可是，最起码你也应该先去买一张彩票吧！"

从故事中我们可以知道：要想实现梦想，首先必须行动！

美国女孩西尔维亚和辛迪的经历就是很好的证明。

西尔维亚的父亲是波士顿有名的整形外科医生，母亲在一家声誉很高的大学担任教授。她的家庭对她有很大的帮助和支持，她完全有机会实现自己的理想。她从中学的时候起，就一直梦寐以求地想当电视节目主持人。她觉得自己具有这方面的才干，因为当她和别人相处时，大家都愿意亲近她并和她长谈。她知道怎样从人家嘴里"掏出心里话"。她的朋友们称她是他们的"亲密的随身精神医生"。她自己也说："只要有人愿给我一次上电视的机会，我相信我一定能成功。"

但是，她为达到这个理想做了些什么呢？她什么也没做。她在等待奇迹出现，希望一下子就当上电视节目主持人。

但是，谁也不会请一个毫无经验的人去担任电视节目主持人。而且，节目的主管也没有兴趣跑到外面去搜寻天才，都是别人去找他们。

而另一个名叫辛迪的女孩却靠着扎实的行动实现了自己的理想，成了著名的电视节目主持人。辛迪没有可靠的经济来源，她白天去做工，晚上去大学的舞台艺术系上夜校。毕业之后，她开始谋职，跑遍了洛杉矶每一个广播电台和电视台。但是，每个地方的经理给她的答复都差不多："不是已经有几年经验的人，我们是不会雇用的。"

但是她并未退缩。她一连几个月仔细阅读广播电视方面的杂志，最后终于看到一则招聘广告：北达科他州有一家很小的电视台招聘一名预报天气的女孩子。

辛迪在那里工作了 2 年，后来在洛杉矶的电视台找到了一份工作。又过了 5 年，她终于得到提升，成为她梦想已久的节目主持人。

西尔维亚那种失败者的思路和辛迪的成功者的观点正好背道而驰。分歧点就在于西尔维亚一直是在幻想，坐等机会，期望时来运转；而辛迪则是采取行动步步实现梦想。首先，辛迪充实了自己；然后，在北达科他州受到了训练；接着，在洛杉矶积累了比较多的经验；最后，她终于实现了梦想。

你可以用尽各种方法，告诉全世界，你有多么优秀，但是你必须通过行动证明。要让别人知道你的成就，你应该先付诸行动，让人认可你的成就。

不要等待"时来运转"，也不要由于等不到而觉得恼火和委屈，要从小事做起，要用行动争取胜利。

要想让自己的梦想起航，就要一步一个脚印。生活就像种庄稼，种瓜得瓜，种豆得豆，有多少耕耘，就有多少收获，想要实现梦想，就必须行动起来。

真正能把梦想变成现实的只有那些立即行动的人，搁浅梦想你也就丧失了获得成功的能力。我们要想成就事业，就不要只生活在梦想里。

记住，要实现梦想，就必须立即行动！

立即行动可以应用在人生每一个阶段的每个方面，它可以帮助你做自己应该做却不想做的事情，它可以使你对不愉快的工作不再拖延，让你抓住稍纵即逝的宝贵时机，实现梦想。

 ### 消除犹豫不决的行动障碍

行动能使人走向成功，这似乎是尽人皆知的道理，但当人们面临行动时，往往会犹豫不决，畏缩不前，"语言的巨人，行动的矮子"不在少数。你总是在无意识地寻找各种维持现状的理由，其实是因为你没有决心、没有勇气行动。你根本不需要考虑这么多，只要付诸行动，一切的犹豫就会自行消散。

但是，世界上却有许多人没能意识到自己的潜力，过分的谨慎阻碍了他们前进的脚步。他们知道自己能干得更好，但他们从没有向前进取过。同那些比他们成功的人相比，他们有同样的能力取得事业上的成功，但他们自感不如。他们看见了机遇，但不去抓住它们。他们看到老朋友成功了，只会纳闷为什么自己不行。他们想拥有万贯家财，但就是不采取行动。

从很大程度上看，他们的惰性和忧虑是直接的。惰性指的是物体保持自身原有的运动状态的性质，不受外力作用就不会变化。惰性的原理也适用于人。要想取得较大的进步，必须得下大决心、花大力气。

在面对是否采取行动的问题上，特别是当这种行动涉及冒险时，我们会发现自己很容易犹豫不决、坐失良机。在这种情况中，是保守的观点在作怪：不要去尝试，不要鲁莽行动，这里很可能有危险。

缺乏信心是人们常常犹豫不决的原因。我们清楚自己的弱点，而怀疑就经常从这里产生。我们对一切了解得太多，所以我们生性谨慎，愿意推迟重大的决定，有时甚至会放弃决定。

歌德曾经说过：没有人事先了解自己到底有多大的力量，直到他试过以后才知道。

先行动起来，在行动中去纠正、去调整，才是铲除心理障碍和行动障碍的最好办法。行动的障碍归根到底还是心理顾虑。

黑格尔曾经一针见血地指出：世间最可怜的，就是那些遇事举棋不定、犹豫不决、彷徨歧路、莫知所趋的人；就是那些没有自己的主张、不能抉择、唯人言是听的人。这种主意不定、自信不坚的人，缺乏的就是敢想敢干的胆略。

在我们决定做某一件事情以前，将那件事情的各方面都考虑到并且郑重考虑各个细节是正确的，在拍板之前，运用自己的全部经验与理智做指导确实是没错的，但是最终你必须作出决断，不应再有反复，不应重新考虑，否则你会一事无成。

如果你害怕在人多的场合讲话，就一定要找机会去说，大声说。这时候最简单也是最好的办法，就是不让自己多想，现在做，立刻就做，走出第一步，勇气就产生了。

国外一个著名的高空走钢索表演者瓦伦达在一次重大的表演中，不幸失足身亡。他的妻子事后说，我知道这一次一定要出事，因为他上场前总是不停地说，这次太重要了，不能失败，绝不能失败；而以前每次表演之前，他只想着走钢索这件事本身，而不去管这件事可能带来的一切后果。

后来，人们就把专心致志于做事本身而不去管这件事的意义、不患得患失的心态，叫做"瓦伦达心态"。

凡事先行动起来就容易达到"瓦伦达心态"。因为，一旦迅速进入行动状态后，就来不及多想，就没有时间顾虑。正所谓逼上梁山，背水一战，绝无退路，反而更容易使人成功。

美国斯坦福大学的一项研究也表明，人大脑里的某一图像会像实际情况那样刺激人的神经系统。比如，当一个网球手击球时一再告诉自己"不要把球打出栏外"时，他的大脑里往往就会出现"球出栏外"的情景，而结果往往是球真的跑出栏外。这项研究从另一

第七章　摒弃空想：脱离空想，行动改变人生

153

个方面证实了"瓦伦达心态"。

"先投入战斗，然后再见分晓。"拿破仑如是说。只有行动起来，才能挣脱现实的枷锁。

伟大作品《神曲》给人印象最深的，就是那一句千古名言。但丁在其导师——古罗马诗人维吉尔的引导下，游历了惨烈的九层地狱后来到炼狱，一个魂灵呼喊但丁，但丁便转过身去观望。这时导师维吉尔这样告诉他："为什么你的精神分散？为什么你的脚步放慢？人家的窃窃私语与你何干？走你的路，让人们去说吧！要像一座耸立的塔，绝不因暴风雨而倾斜。"

犹豫虽然阻碍着人们力量的发挥和生活质量的提高，但它并非不可战胜。只要人们能够积极地行动起来，在行动中有意识地纠正自己的犹豫心理，它就不会再成为我们的威胁。

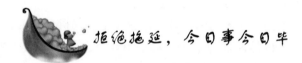
拒绝拖延，今日事今日毕

人生总有许多理想和憧憬，假使你能够将一切憧憬都抓住，将一切理想都实现，将一切计划都执行，那你事业上的成就真不知要怎样的宏大，你的生命真不知要怎样的伟大！然而，总是有很多人有憧憬而不去抓住，有理想而不去实现，有计划而不去执行，最终只会使各种憧憬、理想、计划破灭掉。

《明日歌》曾经唱到："明日复明日，明日何其多！我生待明日，万事成蹉跎。"其中说明了拖延给我们的生活带来的影响。生活中拖延的现象屡见不鲜。拖延久了，事事拖延，就会使人养成习惯，这种习惯势必让你产生病态的拖延心理。拖延心理会让人一事无成，甚至毁掉你的前程。所以一定要克制拖延，这样你才可能成功。

每个人的生命都是有限的，当拖延成为你的习惯时，死神也就在不知不觉中来临了。你可以给自己时间，但生命却不会给你时间，正如中国古代诗人李商隐所吟诵的："人间桑海朝朝变，莫遗佳期更后期。"

哪怕只有一天的时间，也不可白白浪费。曾有一位老板告诉一个雇员："希望明年开始，你能好好地、认真地做下去。"可是，那位员工却回答说："不！我要从今天开始就好好地、认真地工作。"虽然告诉你是明年，其实就是要你从现在开始。

维克多·雨果是19世纪法国著名作家。有一回，他为了创作一部新作品，紧张地投入了工作中。可是，外面不断有人来邀他去赴宴。出于礼节，他不得不去，为此浪费了好多时间。最后，他想出了一个绝妙的办法：把自己的头发剪去一半，又把胡子剪掉，再把剪子扔到窗外。这样，他就不好出去会客，不得不留在家里。于是他专心致志地埋头创作，把又一部巨著奉献给人们。他把这种办法称之为"合理的方式"。

此外，成功人士们为了拒绝拖延，往往会给自己制订一张严密而又紧凑的工作计划表，然后像尊重生命一样坚决地去执行它。

人们问富兰克林："你怎么能做那么多的事呢？""你看看我的时间表就知道了。"富兰克林回答道。他的作息时间表是什么样子呢？5点起床，规划一天事务，并自问："我这一天要做些什么事？"上午8点至11点，下午2点至5点，工作。中午12点至1点，阅读、吃午饭。晚6点至9点，吃晚饭、谈话、娱乐、考查一天的工作，并自问："我今天做了什么事？"

朋友劝富兰克林说："天天如此，是不是过于……""你想爱生命吗？"富兰克林摆摆手，打断朋友的话，"那么别浪费时间，因为时间是组成生命的材料。"

无所作为的人总是有计划而不去执行，而成功的人总是知道：做以前留下来的事情，会是一件多么不愉快而让人觉得困难的事情。

生活中常有这样的事情发生：同学打电话来有事找你，你不在，别人转告给你，叫你有空给同学回电话。但你没有立即回电话，而是一天一天地向后拖延，直到有一天记起来，才打电话给同学。同学在电话里说，前几天正好同学聚会，一直等不到你，只好告吹了。你听后，一定追悔莫及，因为在拖延中，你错过了一次和同学增进感情的机会。

说到底，你应该一日有一日的理想和决断。昨天有昨天的事，

155

今天有今天的事，明天有明天的事。今天的理想，今天的决断，今天就要去做，一定不要拖延到明天，因为明天还有新的理想与新的决断。

不要逃避今天的责任而等到明天去做，因为，明天是永远不会来临的。现在就采取行动吧，即使你的行动不会使你马上成功，但是总比坐以待毙要好。即使成功可能不是你通过行动所摘下来的那个果子，但是，没有行动，任何果子都会在枝上烂掉。

现在就采取行动。

现在要采取行动。

现在必须采取行动。

你要一遍又一遍，每一小时、每一天，重复这句话，一直等到这句话像你的呼吸一样融入你的生命；而跟在它后面的行动，要像你眨眼睛那种本能一样迅速。任何时刻，当你感到推托苟且的恶习正悄悄地向你靠近，或者此恶习已迅速缠上你，使你动弹不得之际，你都需要用这句话提醒自己。

总有很多事需要完成，如果你正受到怠惰的钳制，那么不妨从你碰见的任何一件事开始着手。这是件什么事并不重要，重要的是，你要突破无所事事的恶习。从另一个角度来说，如果你想规避某项杂务，那么你就应该从这项杂务着手，立即进行。

当你养成"现在就动手做"的习惯，你就掌握了主动进取的精髓。

生命中真正的财富往往属于那些能以行动积极寻求的人。成功不会由挂着皇家徽章的铜管乐队伴随而来，它往往属于长期艰苦努力工作的人。

采取主动，就能创造属于自己的机会。经过缜密思虑策划的行动，是没有任何东西可以取代的。

 用目标为你的行动导航

目标是一个人成功路上的里程碑。目标能给你一个看得见的靶子，当你一步一个脚印去实现这些目标时，就会有成就感，就会更加信心百倍，向高峰挺进。

目标是一种持久的热望，是一种深藏于心底的潜意识。它能长时间调动你的创造激情，调动你的心力。你一旦想到这种强烈的愿望，就会产生一种原子能般的动力，一想到它，你就会为之奋力拼搏，就会忘我地投入行动。

成功学专家拿破仑·希尔说过，不甘做平庸之辈的人，必须要有一个明确的追求目标，这样才能调动起自己的智慧和精力，全力以赴为自己的目标而行动。

早在40多年前，生活在洛杉矶的15岁少年约翰·戈达德对自己一生中计划要做的事开了一张清单，上面有127个要实现的目标，他将此清单称为"我的生命单"。其中包括读完莎士比亚、柏拉图和亚里士多德的著作，游览世界每一个国家，访问月球等。将自己的梦想列在纸上后，他就一件一件分秒必争地将它们变成现实。现在，59岁的戈达德已实现了106个目标。他说："我在少年时开列的生命清单，反映了一个少年人的兴趣。尽管有些事情我是永远也无法做到的——例如，登上珠穆朗玛峰和访问月球，然而，确定的目标往往是这样的：有些事情可能超出你的能力，但那并不意味着你得放弃整个梦想。"现在，他仍然不放弃确定的目标，努力在每一年中实现一个目标，包括参观中国的万里长城。

可见，是目标所蕴含的神奇推力使戈达德勇往直前。虽然他已不再年轻，却仍然信心十足。

只要你选准了目标，选对了适合自己的道路，并不顾一切地走下去，你终能走向成功。确立了目标并坚定地"咬住"目标的人，才是最有力量的人。目标，是一切行动的前提。事业有成，是目标

157

的赠与。确立了有价值的目标，你才能较好地分配自己有限的时间和精力，较准确地寻觅突破口，找到聚光的"焦点"，专心致志地向既定方向猛打猛冲。

一个人只要不丧失使命感，或者说还保持着较为清醒的头脑，就决然不会把人生之船长期停泊在某个温暖的港湾，而是会重新扬起风帆，驶向生活的惊涛骇浪，领略其间的无限风光。人，不仅要战胜失败，还应该超越胜利。只有目标始终如一，才能焕发出极大的活力；只有超越了生命本身，人生才可以不朽。

有目标的人，就会有一股巨大的、无形的力量，将自身与事业有机地"融合"为一体。目标，能唤醒人，能调动人，能塑造人，目标的伟大力量是难以估计的。有明确目标的人，生活必然充实而有意义，绝不会因无所事事而无聊。目标能使人不沉湎于现状，能激励人不断进取，能引导人不断开发自身的潜能，去摘取成功的桂冠。

目标的设定也是需要技巧的，当你确立了自己人生的终极目标之后，你就应该为了你的终极目标制订多个向总目标一步步接近的具体目标，然后慢慢执行，最后达到终极目标。

你的计划应根据不同时间长度而有所分别，如 1 小时、1 星期、1 年、10 年。显然，考虑明年 1 年的计划与考虑今后 10 年的计划，那是有很大不同的。你应该超前计划 10 年，但是你不能想得很精细，因为不确定的因素太多了。温斯顿·丘吉尔在谈到筹划国家事务时曾经说："人总是要向前看的，但是要预见目前看不见的东西又总是很困难。"

你可以将自己的目标大致作如下分类：

1. 长期计划

长远计划仍然与所追求的整个生活方式密切相关——你想从事的职业类型，你是否想结婚，你向往的家庭类型，你追求的总的生活境况等。在考虑长远计划时，不必拘泥于细节，因为以后的变化太多。因此你应该有一个全局性的计划，但又要具有一定的灵活性。

2. 中期计划

中期计划是 5 年左右的目标，它包括你正渴望得到的那种专门的训练和教育，你生活历程中的经验。你要能够较好地把握住这些目标，并且在实施中预见你能否达到目的，同时按照情况的变化不断调整自己努力的方向。

3. 短期计划

短期计划指的是 1 个月至 1 年的目标。你要很现实地确定这些目标，并且能够迅速明晰地说出你是否正在实现它们。不要为自己设立不可能实现的目标。人总是希望自己有所进步，但也不能要求过高，以免达不到目标时挫伤信心。目标要实际，但更要踏踏实实去实现。

4. 小计划

小计划指的是 1 天到 1 个月的目标。控制这些目标比控制较长远的目标容易得多。你能列出下一个星期或下一个月要做的事，并且你完成计划也是大有可能的（假如你的计划是合理的话）。假如你发现你的计划过大，以后要修改它。考虑到的整块时间越小，你就越能控制每一整块的时间。

 目标如启明星引导着我们前进

拿破仑·希尔说："没有目标的人注定一辈子为有明确目标的人工作。"这就好比一个人的头上缺少一颗指明星，即使抬头仰望，也是漆黑茫茫。成功，在一开始仅仅是一种选择，选择越简单明了，对行动力的指导性越强。明确的人生目标是一种持久的热望，是一种深藏于心底的潜意识。每当想到这种强烈的愿望，我们就会产生一种心无旁骛的笃定动力，长时间地调动着我们的创造激情。简单明了的目标就像一个看得见的靶子，在我们一步一个脚印地向其逼近时，就会积累出越来越多的成就感，沉淀出越来越厚的平实心。

对于生活而言，简单源自于少管闲事；而对于成功来说，如果不甘做平庸之辈，就必须要有一个明确的追求目标。就像引航的灯塔一样，引领人生的航船驶向终点。如果没有人生的目标，正如船只没有灯塔领航，就不可能掌握正确的航向。

当一个人心中有了目标，他就会有奋进的勇气，不会迷失自己的方向。一个目标实现后，接着实现另一个目标，不断地前进与接受挑战。过去的梦想实现后，又抱着新的梦想，不断地向更大的目标努力迈进。

一个看似有趣的故事，从反面说明了：如果在心中没有确定自己所希望的明确目标，只会让事情变得事倍功半。

大学毕业前夕，给同学们上最后一堂课的是全系社会经验最为丰富的一位老教授。整堂课，他只和同学们讨论了一道题："如果你上山砍柴的时候看到两棵树，一棵很粗，但另一棵很细，你会砍哪一棵呢？"

问题一出，坐在底下的同学们大都有些失望，太简单了吧？于是，传来有的同学懒散的声音："当然是砍粗的那棵了。"

教授狡黠一笑："那么，如果那棵粗的不过是一棵普通的杨树，而细的则是名贵的红松，你们会砍哪棵？"

大家想都不想就回答了："当然砍红松了，杨树再粗也不值钱！"

教授依然含笑不语，不紧不慢地又问："那如果杨树是笔直的，而那棵红松却已经有些歪斜了，你们会砍哪一棵？"

看着教授莫测的微笑，同学们疑惑起来，也搞不懂教授葫芦里卖的到底是什么药。就顺着他所给的条件出发，说："那就砍杨树吧，红松弯弯曲曲的，什么都做不了！"

这时，教授追着同学们的话音问："杨树虽然笔直，可由于年头太多，中间大多空了，这时候你们会砍哪一棵呢？"

至此，同学们已被教授搞得晕头转向了。终于有人问："教授，您问来问去的，让我们一会儿砍杨树，一会儿砍红松，选择总是随着您的条件增多而变化。您到底想测试什么呢？"

老教授这时才慢慢收起笑容，对坐在底下的同学们说："你们怎么就没问问自己，到底为什么要砍树呢？你们当然不会无缘无故提着斧头上山砍树了！虽然我的条件不断变化，可是最终结果取决于你们最初的动机。如果想要取柴，你就砍杨树，想做工艺品，就砍红松。"

听完这番话，同学们心中似乎都有所感悟，可一时又抓不住什么。

教授看着这些即将毕业的学子们，语重心长地说："这是你们大学里的最后一堂课。卖了这么多关子，只是想告诉你们，进入社会之后，当许多事摆在眼前，你们便很容易闷头去做那些事，往往在各种变数中淡忘了初衷，就常常会做些没有意义的事。一个人，只有在心中先有了目标，先有了目标，做事的时候才不会被各种条件和现象所迷惑，才不会偏离正轨。"

的确，我们在现实生活中经常能看到这样的情况。很多人做事有时候真的会漫无目的，只是为了做事而做事，为了填充心中的空虚和恐慌而忙碌。到头来，时间过去了，精力付出了，却没有得到很好的效果，甚至还把事情越弄越复杂。

石油大王洛克菲勒说过：奋斗者要想成功，最重要的因素是目标的选择。目标既是我们成功的起点，也是衡量是否成功的尺度。当人们的行动有了简单明了的目标时，就可以把自己的行动与目标不断加以对照，清楚地知道自己的进行速度与目标相距的距离。如此，我们做事的动机就会得到维持和加强，排除一切杂念，心无旁骛地付诸所有的努力去逼近那个既定目标。

目标感决定方向感，目标明确了，方向才能清晰，做起事来自然就会感到简单不少。

哈佛大学有一个非常著名的关于目标对人生影响的跟踪调查，对象是一群智力、学历、环境等条件差不多的青年人。调查结果发现：27%的人没有目标；60%的人目标模糊；10%的人有清晰但比较短期的目标；3%的人有清晰且长期的目标。

25年后，当哈佛大学再次对这批学生进行了跟踪调查后发现，他们的生活状况及分布现象是十分有意思的：那些占3%有清晰且长期目标者，25年来几乎都不曾更改过自己的人生目标，他们始终朝着同一个方向不懈地努力，几乎都成了社会各界的顶尖人士；他们中不乏白手创业者、行业领袖、社会精英。

那些占10%有清晰而短期的目标者，大都生活在社会的中上层。他们的共同特点是：那些短期目标不断被达到，生活状态稳步上升，

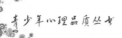

成为各行各业不可缺少的专业人士。

其中占60%的目标模糊者，几乎都生活在社会的中下层面，他们能安稳地生活与工作，但都没有什么特别的成绩。

剩下的27%是那些25年来都没有目标的人群，他们几乎都生活在社会的最底层。他们的生活没有着落，常常失业，靠社会救济，并且常常都在抱怨他人、抱怨社会、抱怨世界。

成功与幸福，来自于目标的确立与实现。有了目标，有了追求的方向，一切才会变得简单、明晰，成功也就变得可以期待。

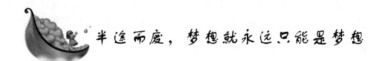

半途而废，梦想就永远只能是梦想

"半途而废"是比喻做事中途停止，不能坚持到底。这个成语来源于《礼记·中庸》："君子遵道而行，半途而废，吾弗能已矣。"

东汉时，河南郡有一位贤惠的女子，人们都不知她叫什么名字，只知道她是乐羊子的妻子。

一天，乐羊子在路上拾到一块金子，回家后把它交给妻子。妻子说："我听说有志向的人不喝盗泉的水，因为它的名字令人厌恶；他们宁可饿死也不吃别人以轻蔑的态度施舍的食物，更何况拾取别人失去的东西，这样会玷污品行。"乐羊子听了妻子的话，非常惭愧，就把那块金子扔到野外，然后到远方去寻师求学。

一年后，乐羊子归来。妻子跪着问他为何回家，乐羊子说："出门时间长了想家，没有其他缘故。"妻子听罢，操起一把刀走到织布机前说："这机上织的绢帛产自蚕茧，成于织机。一根丝一根丝地积累起来，才有一寸长；一寸寸地积累下去，才有一丈乃至一匹长。今天如果我将它割断，就会前功尽弃，从前的时间也就白白浪费掉了。"

妻子接着又说："读书也是这样，你积累学问，应该每天获得新的知识，从而使自己的品行日益完美。如果半途而归，和割断布匹有什么两样呢？"

计较、嫉妒、记恨：人生的三大敌人

乐羊子被妻子说的话深深感动了，于是又去完成学业，一连7年都没有回过家。

在半途而废者的词典里，你会发现他们经常使用这样一些句子："那已足够了"、"这个活儿（工作）的最低要求是什么"、"需要达到哪种程度，我们就进行到哪种程度"、"事情可能会变坏"、"这不值"、"在你年轻的时候……"，等等。

半途而废者可能已经经受了很大的磨难才获得他们现在的地位，他们现在所拥有的东西也是通过努力奋斗才获得的。但不幸的是，恰恰由于经历过的磨难和奋斗，最终使他们开始权衡危险和收获。他们觉得付出太多，收获又太少。这样，半途而废者放弃了再攀登，他们已有充足的理由放弃"往上爬"。他们认为经过几年或一定的努力后，生活就应该相应的摆脱逆境。有了这样的想法，放弃"往上爬"便是再正常不过了。攀登的代价是很大的，但收获也是很大的。那些死不悔改的半途而废者将付出比攀登更大的代价，他们将不会知道他们能干什么以及能完成什么，他们对自己的未来没有足够清楚的认识。

世界巨富比尔·盖茨认为，巨大的成功靠的不是力量而是韧性。如今社会的竞争常常是持久力的竞争，有恒心、有毅力的人往往能够成为笑到最后、笑得最好的人。恒心和毅力是成功的必要条件，半途而废，浅尝辄止，梦想就永远只能是梦想。

1864年9月3日，寂静的斯德哥尔摩市郊突然爆发出一声震耳欲聋的巨响，滚滚的浓烟霎时冲上天空，一股股火焰直往上蹿。仅仅几分钟时间，一场惨祸发生了。当惊恐的人们赶到现场时，只见原来屹立在这里的一座工厂只剩下断壁残垣，火场旁边，站着一位30多岁的年轻人，突如其来的惨祸和过分的刺激，已使他面无人色，浑身颤抖……

这个大难不死的青年，就是后来闻名于世的弗莱德·诺贝尔。诺贝尔眼睁睁地看着自己所创建的硝化甘油炸药实验工厂化为了灰烬。人们从瓦砾中找出了5具尸体，其中4人是他的亲密助手，而另一个是他正在大学读书的小弟弟。5具烧得焦烂的尸体，令人惨不忍睹。诺贝尔的母亲得知小儿子惨死的噩耗，悲痛欲绝；年迈的父

163

亲因大受刺激而发生脑溢血，从此半身瘫痪。然而，诺贝尔在失败面前却没有动摇。

事情发生后，警察局立即封锁了爆炸现场，并严禁诺贝尔重建自己的工厂。人们像躲避瘟神一样地避开他，再也没有人愿意出租土地让他进行如此危险的实验。但是，困境并没有使诺贝尔退缩，几天以后，人们发现在远离市区的马拉仑湖上，出现了一只巨大的平底驳船，驳船上并没有装什么货物，而是装满了各种设备，一个年轻人正全神贯注地进行实验。毋庸置疑，他就是在爆炸中死里逃生、被当地居民赶走了的诺贝尔！

无畏的勇气往往令死神也望而却步。在令人心惊胆战的实验里，诺贝尔持之以恒地行动着，他从没放弃过自己的梦想。

皇天不负有心人，他终于发明了雷管。雷管的发明是爆炸学上的一项重大突破，随着当时许多欧洲国家工业化进程的加快，开矿山、修铁路、凿隧道、挖运河等都需要炸药。于是，人们又开始亲近诺贝尔了。他把实验室从船上搬迁到斯德哥尔摩市附近的温尔维特，正式建立了第一座硝化甘油工厂。接着，他又在德国的汉堡等地建立了炸药公司。一时间，诺贝尔的炸药成了抢手货，诺贝尔的财富与日俱增。

然而，初试成功的诺贝尔，好像总是与灾难相伴。不幸的消息接连不断地传来，在旧金山，运载炸药的火车因震荡而发生爆炸，火车被炸得七零八落；德国一家著名工厂在搬运硝化甘油时因为碰撞而发生爆炸，整个工厂和附近的民房变成了一片废墟；在巴拿马，一艘满载着硝化甘油的轮船，在大西洋的航行途中因颠簸而引起爆炸，轮船葬身大海……

一连串骇人听闻的消息，再次使人们对诺贝尔望而生畏，甚至把他当成瘟神和灾星。随着消息的广泛传播，他被全世界的人所诅咒。

诺贝尔又一次被人们抛弃了，不，应该说是全世界的人都把自己应该承担的那份责任推给了他一个人。面对接踵而至的灾难和困境，诺贝尔没有一蹶不振，他身上所具有的毅力和恒心，使他对已选定的目标义无反顾，毫不退缩。在奋斗的路上，他已经习惯了与

计较、嫉妒、记恨：人生的三大敌人

死神朝夕相伴。

大无畏的勇气和矢志不渝的恒心激发了他心中的潜能，他最终征服了炸药，吓退了死神。诺贝尔赢得了巨大的成功，他一生共获专利发明权555项。他用自己巨额财富创立的诺贝尔奖，被国际学术界视为一种崇高的荣誉。

诺贝尔成功的经历告诉我们，恒心是实现目标过程中必不可少的条件，一个人的恒心和内心的梦想结合以后，会产生百折不挠的巨大力量。很多人之所以失败，并不是因为他能力不强，而是因为他缺乏意志力。很多情况下，成功与失败只是一步之遥。

人的成长是一个漫长的较量过程，能否取得最后的胜利，不在于一时的快慢。如果你能够在自己成长的道路上静下心来，遇到困难不气馁、不灰心，矢志不移地前进，那么你最终必将获得胜利。

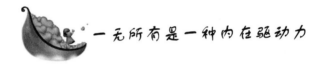
一无所有是一种内在驱动力

一无所有是一种财富，它让人产生改变命运的激情；一无所有也是一种资本，让我们拥有了无牵挂、轻装上阵的心态。当环境把你逼到了一无所有的境地，不要怕，这是一种"恩宠"，实际上就相当于给了你一把挖掘宝藏的锄头。

一位大师让三个徒弟上山砍柴。临出门前，给大徒弟带上了一把伞，以防天气有变；给二徒弟了一根拐杖，告诉他山路不好走时可以用的上；而最小的徒弟却从师父那里什么也没有得到。

小徒弟不免伤心撅嘴，小声嘀咕说："我最小，本该受到最多的照顾，可师父却这样对我……"

大师早就看出了小徒弟的心理，却含笑不语，只让三个徒弟赶紧上路。

傍晚时分，三个徒弟纷纷归来，都背回了两大捆柴。但大徒弟却被中午开始下的雨淋得浑身湿透；二徒弟跌得满身是伤；唯独小徒弟却安然无恙。

165

大师把三个人叫到了一起，三人见面后对彼此的结局都感到颇为诧异，不禁说出了各自的情况。拿伞的大徒弟说："当天空开始飘起零星小雨时，我因为有伞，就大胆地在雨中走；可当雨下大的时候，我却没有地方也腾不出手来撑伞了，所以被淋得湿透了。但当我走在泥泞坎坷的路上时，我知道自己手里没有拐杖，所以走得非常仔细，专挑平稳的地方走，所以竟没摔一个跟头。"

接着，带着拐杖的二徒弟说："我正因为自己带了拐杖，所以当走到沟沟坎坎的地方时，便毫不在意，没想到竟连连跌跤。但是，当大雨来临的时候，我知道自己没带伞，所以尽量拣着那些能躲雨的地方走，身上自然也就没有怎么被淋湿。"

这时候，小徒弟似乎明白了师父的用意，有些激动地说："我知道你们为什么拿伞的被淋湿了，带拐杖的跌伤了，而我却安然无恙的原因了！当大雨来时我躲着走，路不好走的地方我便格外小心，所以我既没淋湿也没有跌伤。"

大师仍然像刚出发时一样，慈爱地看着小徒弟，又转向大徒弟和二徒弟，对他们说："你们的失误就在于，你们有了自认为可以依赖的优势，便觉得少了忧患。"

许多时候，我们并不是跌倒在自己的弱项上，而是在自以为有优势、绝不会出任何问题的地方出了差错。往往，弱项和缺陷能让人保持足够的警醒，而优势则容易让人忘乎所以。在困境之中，大多数人都会下意识地千方百计寻找救命稻草。然而，心理上的依赖情结越是严重，做起事来就越会马虎。更严重的是，也许困难最终得到了解决，可我们自己却从中没有学会任何面对困难、解决问题的经验，从而在依赖中错失了一次有助于成长的好机会。可以说，拥有的东西越多，顾虑越大。相反，若一无所有，反而倒什么都能豁得出去了。

拥有的东西越多，开创新的事业时需要放弃的东西就越多，不少人就难以割舍，从而空幻想一场。"一张白纸"是一种格外的"恩宠"，因为我们会发现，这种轻装上阵的心态本身就是一笔宝贵的财富。

有几位科学家去 A 市采访，当问到当地人为什么当地的经济如此发达时，当地人都众口一词地认为"我们成功的秘密，在于我们一无所有。"

从经济社会发展的自然条件看，A市可谓是"一无所有"：资源质量不高、面积小、甚至有很多地方都是沙漠。

可是，贫瘠的自然资源让A市人更加重视发挥人的作用。他们把科技作为发展的根本，注重科研成果在经济社会发展中的转化，在各个领域都体现出高科技含量和精细化经营。

从辩证的角度看，"优势"和"劣势"是对立统一的，相互依存又相互转化。从来没有绝对的"优势"，也没有绝对的"劣势"。资源丰富的地方，往往产业结构单一，经济对资源的依赖性较强，反而限制了其他产业的发展；资源缺少的地方，往往却能形成一些对资源依赖程度小的可持续发展产业。

所以说，"一无所有"在某些时候也是一种优势。正是因为一无所有，才会有那股甩开膀子放手一搏的豪爽气息，有不顾一切的内在驱动力，这也是改变命运的关键所在。

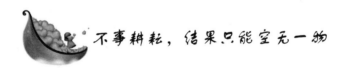

不事耕耘，结果只能空无一物

清朝名臣曾国藩曾教育子女说："莫问收获，只问耕耘。"这是一种极其平易而纯粹的成事态度。它无不在向后人昭示着这样一个道理：收获是脚踏实地的耕耘所得，任何人的成功都离不开背后无数的辛酸与血泪。

农人之所以称为农人，或者说他们的价值，不是因为他的收获多寡，而是因为他们辛勤的耕耘。尽全力，拼过程；扎实基础，但求耕耘。心中恒定着一个目标，便再无杂念地为之努力。这不仅让我们在付出的过程中收获了一种单纯而明净的快乐，而且自然也就形成了水到渠成的局面。

"我作为一名中国的科技工作者，活着的目的就是为人民服务。"钱学森用他的一生，实践着这个平凡而伟大的诺言。

第七章　摒弃空想：脱离空想，行动改变人生钱学森是世界知名科学家，也是我国著名的科学家。20世纪80年代，美国科学院和美国工程院曾先后邀请他去美国，拟授予他美国科学院院士和美国工程院院士称号，均被他拒绝。

钱学森在青年时代就怀着学以致用、报效祖国之志出国留学，而当真正学有成就，蜚声海外时，钱学森便奋力争取回国。

回国以后，他勤奋工作，将自己学到的所有知识、智慧无私地奉献给了祖国和人民，他甚至将个人一生所得的几笔较大收入，或作为党费上交组织，或全部捐给祖国社会主义建设最需要的地方。

耄耋之龄后，钱学森虽长期卧床静养，但仍旧时常思考一些国家建设中的大事。面对国家给予的诸多荣誉，他或者请辞，或者婉拒。并时常感叹"自己对祖国人民做得太少，而人民给予的太多了"。

只有心中纯明而无所杂念的人，才会但求耕耘，不问收获。因为他们常常都是极其简单的人，简单到只有一个想法：我有一片土壤，一个梦。然后便心无旁骛，不管挥汗如雨，或疾病困苦，只是始终如一地去耕耘。

其实想想，我们自己不就像是个农人吗？每一分辛劳，都是一种耕耘。而生活就是一方农田，随着年轮的增加，一春一秋的更迭，这方田里或减产或丰收，也直接决定了我们收获的快乐和幸福。

并不是到了应该收获的秋天时就一定能看到每家每户的"农家乐"。如果天公不作美，或旱或涝或虫或雹，这几种天灾，任何一种都会让"面朝黄土背朝天"的劳作成果化作泡影。同样，也并不是每一位农人的收获都是丰硕的，也许他付出的耕耘并不一定比旁人少。但收获这东西，是可遇而不可求的。总不能因为一朝一夕的收获，就抛弃耕耘了大半辈子的农田。

耕耘，不一定带着为了收获的目的。收获固然重要，但是农人却正是在耕耘这个过程中，充分享受了流汗、撒种、除草、施肥、灌溉的种种，也充分体现出作为一个农人的价值。当到了收获的季节，田地里所长出的每一粒粮食实际上都是对农忙的一种褒扬和回馈。天道酬勤，只有不断地去耕耘，让农田感受到你的付出，那颗颗种子才能更有力地破土而出。

在希腊神话中，有一个叫西西弗的人物。他因犯了天条而受到天帝宙斯的惩罚，让他把一块石头推到山顶。但让人感到悲情的就在于，石头到了山顶后，自动就会滚到山脚。西西弗便不得不再到山脚把石头推到山顶，就这样日复一日，年复一年。

起初，西西弗每天不停地推着石头，为自己犯下错误而付出的代价痛苦不堪。但是有一天，西西弗豁然开朗，感到一切都变得那么美好。他发现，在他推石头的过程中，他推过了世间最美丽的风景：推过了春夏秋冬，推过了风花雪月，推过了蓝天白云，推过了电闪雷鸣。天上的飞鸟为他唱歌，地上的走兽为他舞蹈；微风为他送来花草的芬芳，雨水给他带来土地的清香。

久而久之，西西弗推出了勇气和耐力，推出了胸怀和智慧。更重要的是，他感到自己推出了生命活在过程中的真谛。

在漫漫人生路中，无非只有两大内容：生命不同阶段的目标和走向这些目标的过程。目标固然十分重要，它确立了生命的方向。但走向目标的过程更加弥足珍贵，因为，所有生命的精彩都是在过程之中走出来的。我们所能够真正体验到的永远是一时一刻的感动，一草一木的芳香，或对一人一事刻骨铭心的记忆。

而往往，人们在做出一项决策或付出某些努力之前，总喜欢权衡利害得失，这本是人之常情，无可厚非。但有些人却过于患得患失，或纠结于事情的结果，或斤斤计较于可能付出的代价，这就不免错失很多良机，或者使本应快乐充实的奋斗过程背上了沉重而痛苦的包袱。"不播春风，难得夏雨。"倘若总问收成，不事耕耘，结果只能是空无一物。

其实，人生无须太多的思前想后，当向顶峰迈开第一步的时候，我们就已经进入了生命的过程，生活的全部内容从此展开。"山不问高，仍然傲然挺立，巍峨入天；河不问长，仍然奔流到海，不舍昼夜。"这就是一种心无旁骛的简单。等到积之久矣，自然便会水到渠成。

第七章 摒弃空想：脱离空想，行动改变人生

169

第八章 摒弃悲观：人生虽痛苦，却不能悲观

　　无论面对怎样的环境，有着怎样的困难，都不能放弃自己的信念，而要自信地迎接生活的挑战，绝不能让悲观挡住了阳光。

 ## 悲观挡住了你的阳光

　　20世纪的女作家张爱玲的一生，完整地注释了悲观给人带来的负面影响有多么的巨大。张爱玲一生聚集了一大堆矛盾，她是一个善于将艺术生活化、将生活艺术化的享乐主义者，又是一个对生活充满悲剧感的人；她是名门之后、贵族小姐，却宣称自己是一个自食其力的小市民；她悲天悯人，时时洞见芸芸众生"可笑"背后的"可怜"，但在实际生活中却显得冷漠寡情；她通达人情世故，但她自己无论待人接物还是穿衣打扮均是我行我素、独标孤高。她在文章里同读者拉家常，但在生活中却始终与人保持着距离，不让外人窥测她的内心；她在20世纪40年代的上海大红大紫，几十年后，她却在美国深居简出，过着与世隔绝的生活。所以有人说："只有张爱玲才可以同时承受灿烂夺目的喧闹与极度的孤寂。"这种生活态度的确不是普通人能够承受或者是理解的，但用现代心理学的眼光看，其实张爱玲的这种生活状态源于她始终抱着一种悲观的心态活在人间，这种悲观的心态让她无法真正地融入生活，因此她总在两种生活状态里不停地左右徘徊。

　　张爱玲悲观苍凉的色调，深深地沉积在她的作品中，使其作品产生了巨大而独特的艺术魅力。但无论她用怎样细腻轻快的文字，写出怎样可笑或传奇的故事，终不免露出悲音。那种渗透着个人身世之感的悲剧意识，使她能与时代生活中的悲剧氛围相通，从而在更广阔的历史背景上臻于深广。

　　张爱玲所拥有的深刻的悲剧意识，并没有把她引向西方现代派文学那种对人生彻底绝望的境界。个人气质和文化底蕴最终决定了她只能回到传统文化的意境，且不免自伤、自恋，因此在生活中，她时而在世俗的喧嚣中沉浸，时而又陷入极度的寂寞中，最后孤老死去。张爱玲的悲剧人生让我们看到了悲观对一个人的戕害是多么惨重。

　　四周都是一眼望不到边的沙漠。水已经都喝完了，两个结伴而行的人身陷沙漠中找不到出去的路。水，水，最要紧的是找到水，已经有一个人因为中暑而不能行动了。同伴把一支枪递给中暑者，再三吩咐："你不要走动，枪里有 5 颗子弹，我走后，每隔两小时你就对空中鸣放一枪，枪声会指引我前来与你会合。"说完，同伴满怀信心地找水去了。

　　时间一点点过去，还看不到同伴的身影。躺在沙漠里的中暑者开始怀疑：同伴能找到水吗？能听到枪声吗？他会不会丢下自己这个"包袱"独自离去？

　　暮色降临的时候，枪里只剩下一颗子弹了，而同伴还没有回来。中暑者确信同伴抛下他离去了，自己只能等待死亡。他痛苦极了，又害怕极了，他仿佛已经看到沙漠里的秃鹰飞来，狠狠地啄瞎他的眼睛，啄食他的身体……终于，中暑者彻底崩溃了，他拿起枪，将最后一颗子弹射进了自己的太阳穴。

　　枪声响过不久，同伴提着满壶清水，领着一队骆驼商旅赶来，找到了中暑者温热的尸体。中暑者不是被沙漠的恶劣环境吞没，而是被自己的恶劣心境毁灭了。

　　其实，很多事情也是这样，乐观情绪总会带来快乐、明亮的结果，而悲观的心理则会使人眼前的一切变得灰暗。

　　悲观者和乐观者在面对同一个问题时，会有不同的看法。下面是一个两种见解的典型范例。有两个见解不同的人在争论 3 个问题。

　　第一个问题——希望是什么？

　　悲观者说：是地平线，就算看得到，也永远走不到。

　　乐观者说：是启明星，能告诉我们曙光就在前头。

　　第二个问题——风是什么？

　　悲观者说：是浪的帮凶，能把你埋葬在大海深处。

　　乐观者说：是帆的伙伴，能把你送到胜利的彼岸。

　　第三个问题——生命是不是花？

　　悲观者说：是又怎样，开败了也就没了！

　　乐观者说：是，它能留下甘甜的果。

　　突然，天上传来了上帝的声音，也问了 3 个问题：

173

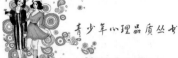
第一个问题——一直向前走，会怎样？

悲观者说：会碰到坑坑洼洼。

乐观者说：会看到柳暗花明。

第二个问题——春雨好不好？

悲观者说：不好！野草会因此长得更疯！

乐观者说：好，百花会因此开得更艳！

第三个问题——如果给你一片荒山，你会怎样？

悲观者说：修一座坟茔！

乐观者反驳：不！种满山绿树！

于是上帝给了他们两样礼物：

给了乐观者成功，给了悲观者失败。

同样是人，却会有截然不同的人生态度，不同的人生态度会造就截然不同的人生风景，不同的世界观会导致截然不同的人生结局。无论面对怎样的环境，有着怎样的困难，都不能放弃自己的信念，而要自信地迎接生活的挑战，绝不能让悲观挡住了阳光。

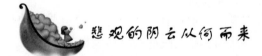

悲观的阴云从何而来

现代人越来越容易感染悲观的情绪。悲观的人看不到漫天飘洒的云彩的美丽，而只会一味地担心天会下雨；看不到拳击手被击倒后爬起来的顽强，而只会为他的伤痕累累而心悸。对于这种人，一个很小的打击也足以使他绝望，令他一败涂地。

方方是一个年轻的女孩，但她并没有同龄人的阳光心态，悲观总是萦绕着她，她时常觉得生活没有目标。最近这种情绪越来越强烈，她好像做什么都提不起劲，感觉很孤独，周围的环境也让她觉得很无趣。她也想改变，但又觉得自己能力不够，很消极，于是她越来越自卑，不爱说话，自然也就显得有些孤僻。她也是个爱思考的人，曾用很长一段时间来思考活着的意义，但她发现自己找不到答案。她觉得很迷惘，眼看就要大学毕业了，她不知道以后的路该

174

怎么走。

在心理咨询室里，她对心理医生说："我从小家庭就很不幸，可以说是在同学和邻居的指指点点下长大的。我从小心里就充满了自卑，很封闭、很悲观，导致了我从来不敢主动去交朋友，而别人看我外表冷漠，也不敢和我交流。现在长大了，美丽的外表使我有了不少追求者，也减少了很多自卑。我也爱上了一个男孩，他现在是我的男朋友，可是我总是很悲观，认为我们早晚会分开。他开始还忍着，可现在经常因为这个和我吵，我也知道自己过分了，可我就是悲观。"

方方的烦恼正是一种常见的心理障碍——悲观。悲观是一种有害的心理状态。

美国著名心理学家赛利格曼认为，悲观的人对失败的看法与乐观的人有所不同，具体来说就是：

第一，时间难度上，悲观的人把失败解释成永久性的；而乐观的人则倾向于认为失败是暂时的，下次就会好了。

第二，从空间维度上，悲观的人把失败解释成普遍的，如果某个阶段目标失败了，就会认为自己会在所有目标中都失败；而乐观的人则不会将失败普遍化，他们认为某个目标没实现，只是说明自己在这个方面需要进一步努力，与其他目标无关。

第三，悲观的人倾向于将失败解释为个人原因，认为自己要对失败完全负责。而乐观的人则认为失败虽然有个人原因，但个人的原因不是唯一导火线，有时一些无法抗拒的力量和运气也影响着成败。

赛利格曼的理论向我们提示，只要改变对失败的看法，就能使悲观者有信心去重新面对现实，树立学习、生活的目标。

其实，悲观的心态并不可怕，只要你决定调整自己的心态，一切困难都可以克服。

1. 越担惊受怕，就越容易遭灾祸。因此，一定要懂得积极态度所带来的力量，要相信希望和乐观能引导你走向胜利。

2. 即使处境危险，也要寻找积极因素。这样，你就不会放弃取得微小胜利的努力。你越乐观，克服困难的勇气就越大。

175

3. 以幽默的态度来接受现实中的失败。有幽默感的人才有能力轻松地克服厄运，排除随之而来的倒霉念头。

4. 既不要被逆境困扰，也不要幻想出现奇迹，要脚踏实地、坚持不懈、全力以赴去争取胜利。

5. 不管多么严峻的形势向你逼来，你都要努力去发现有利的因素。之后，你就会发现自己其实已经有很多小的成功，这样，自信心自然也就增长了。

6. 不要把悲观作为保护你失望情绪的缓冲器。乐观是希望之花，能赐人以力量。

7. 当你失败时，你要想到你曾经多次获得过成功，这才是值得庆幸的。如果 10 个问题你做对了 5 个，那么还是完全有理由庆祝一番的，因为你已经成功地解决了 5 个问题。

8. 在闲暇时间，你要努力接近乐观的人，观察他们的行为。通过观察，你就能培养起乐观的态度，乐观的火种会慢慢地在你内心点燃。

9. 要知道，悲观不是天生的。就像人类的其他态度一样，悲观不但可以减轻，而且通过努力，它还能转变成一种新的态度——乐观。

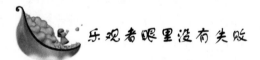

乐观者眼里没有失败

要想成功，必须首先知道失败的含义，确切地说，成功与失败都无固定的定义，同时又是一个复杂的综合体，它们有待于你去认识、去体会。人生的光荣不在于永不失败，而在于屡仆屡起。只要站起来比倒下去多一次，就是成功。

很多功成名就的人在走向成功的道路上同样经历过挫折与失败的考验。

伟大的科学家爱因斯坦小时候也遭受过同学们和老师的取笑，甚至辱骂。有一次手工课上，老师从学生做的一大堆泥鸭子、布娃娃、蜡水果等作品中拿出一只很不像样的小木板凳，气愤地问："你们谁见过这么糟糕的板凳？我想，世界上不会有比这更糟糕的板凳了。"爱因斯坦回答道："有的。"然后他从书桌里拿出两只更不像样的板凳说："这是我第一次和第二次做的。现在交给老师的是第三次做的，它并不使人满意，但总比这两只强些吧！"

19世纪法国著名小说家莫泊桑初学写作时，把习作送给当时著名的作家福楼拜看。由于写作质量不高，福楼拜不客气地要他把稿子烧掉，并劝他踏踏实实地从学习观察社会的基本功做起。经过长期坚持不懈的努力，莫泊桑终于成为写短篇小说的大师。

罗曼·罗兰是18世纪著名作家、音乐家、社会活动家，他的第一篇小说《童年的恋爱》送给当时一位权威批评家看时也遭到否定。虽然他一时气得把原稿撕得粉碎，但他并没有灰心，而是继续坚持写作，终于成为世界闻名的大作家。

我国著名京剧表演艺术家盖叫天，为了表现武松的英姿，曾在眼皮中间撑两根火柴棒来练习把眼睛睁圆。为了使腿部笔直，他走路时在腿弯处绑上两根削尖的竹筷子。不知经历了多少挫折和失败，不知尝了多少辛酸苦辣，终于练成了戏台上的"活武松"。

挫折和失败，都是成功道路上不可或缺的伴侣。一切挫折和失败，都为成功提供了不可多得的经验教训与契机。一位作家说："对苦难的一次承担，就是自我精神的一次壮大。"每一个有识之士、有志之士，都不应在挫折和失败面前逃遁、沉沦，而应在挫折和失败中崛起、抗争，在挫折和失败中自强不息，才能促使人的精神走向理性、走向成熟。

一位父亲很为他的孩子苦恼。因为他的儿子已经十五六岁了，却一点男子气概都没有。于是，父亲去拜访一位禅师，请他训练自己的孩子。禅师说："你把孩子留在我这里，3个月以后，我一定可以把他训练成真正的男人。不过，这3个月里面，你不可以来看他。"父亲同意了。

3个月后，父亲来接孩子。禅师安排孩子和一个空手道教练进行一场比赛，以展示这3个月的训练成果。

教练一出手，孩子便应声倒地。他站起来继续迎接挑战，但马

177

上又被打倒，他就又站起来……就这样来来回回一共 16 次。

禅师问父亲："你觉得你孩子的表现够不够男子气概？"

父亲说："我简直羞愧死了！想不到我送他来这里受训 3 个月，看到的结果是他这么不经打，被人一打就倒。"

禅师说："我很遗憾，因为你只看到了表面的胜负。你有没有看到你儿子那种倒下去又立刻站起来的勇气和毅力呢？这才是真正的男子气概啊！"

我国古代哲人说，境由心造。的确，如果我们想的都是快乐的事情，我们就能快乐；如果我们想的都是悲伤的事情，我们就会悲伤；如果我们在做事情之前想着一定能够成功，那么我们就会充满信心；如果我们满脑子想的都是失败的情形，我们就会失败；如果我们沉浸在自怜里，别人就会有意躲开我们……

所以，我们在遇到困难时应该选择积极的态度，用心去找出问题的根源，然后果断地采取各种措施加以解决，而不是发疯似的在小圈里打转，像一艘在大海中迷失方向的小船。卡耐基说："一个人如果能够在面对困难的时候，在衣襟上插着花，昂首阔步地向前走，那么他就永远不会成为失败者。"

用阳光驱除内心的黑暗

有些人仅仅因为打翻了一杯牛奶或轮胎漏气就神情沮丧、失去控制，这不值得，甚至有些愚蠢，但这种事不是天天在我们身边发生吗？

有一个美国旅行者在苏格兰北部过节的故事。旅行者问一位坐在墙边的老人："明天天气怎么样？"老人看也没看天空就回答说："是我喜欢的天气。"旅行者又问："会出太阳吗？""我不知道。"老人回答道。"那么，会下雨吗？""我不想知道。"老人又回答道这时旅行者已经完全被搞糊涂了。"好吧，"他说，"如果是你喜欢的那种天气的话，那会是什么天气呢？"老人看着美国旅行者，说："很久以前我就知道我没法控制天气了，所以不管天气怎样，我都会喜欢。"

别为你无法控制的事情烦恼，你有能力决定自己对事件的态度。如果你不控制它们，它们就会控制你。

所以别把牛奶洒了当做生死大事来对待，也别为一只瘪了的轮胎苦恼万分，既然已经发生了，就当它们是你的挫折吧。但它们只是小挫折，每个人都会遇到，你对待它的态度才是重要的。不管此时你想取得什么样的成绩，不管是创建公司还是为好友准备一顿简单的晚餐，事情都有可能会弄砸了。如果面包放错了位置，如果你失去了一次升职的机会，预先把它们考虑在内吧。否则，它会毁了你取胜的信心。

一样的事情，可以选择以不同的态度对待。选择往积极的方面想，并作出积极的努力，就一定会看到前方独好的风景。

鲁滨逊太太这样描述她曾有过的经历：

美国庆祝陆军在北非获胜的那一天，我接到国防部送来的一封电报，说我的侄儿——我最爱的一个人——在战场上失踪了。过了不久，又来了一封电报，说他已经死了。

我悲伤得无以复加。在那件事发生以前，我一直觉得生命很美好，我有一份自己喜欢的工作，并努力带大了这个侄儿。在我看来，他代表了年轻人美好的一切。我觉得我以前的努力，现在都有很好的收获……然而当我收到了这些电报，我的整个世界都粉碎了，我觉得再也没有什么值得我活下去。我开始忽视自己的工作、忽视朋友，我抛开了一切，既冷漠又怨恨。为什么我最疼爱的侄儿会离我而去？为什么一个这么好的孩子——还没有真正开始他的生活——就死在战场上？我没有办法接受这个事实。我悲痛欲绝，决定放弃工作，离开我的家乡，把自己藏在眼泪和悔恨之中。

就在我清理桌子、准备辞职的时候，我突然看到一封我已经忘了的信——从我这个已经死了的侄儿那里寄来的信。那是几年前我母亲去世的时候，他给我写来的一封信。"当然我们都会想念她的，"那封信上说，"尤其是你。不过我知道你会撑过去的，仅以你个人对人生的看法，就能让你撑得过去。我永远也不会忘记那些你教我的美丽的真理：不论活在哪里，不论我们分离得有多么远，我永远都会记得你教我要微笑，要像一个男子汉一样承受所发生的一切。"

我把那封信读了一遍又一遍，觉得他似乎就在我的身边，正在向我说话。他好像在对我说："你为什么不照你教给我的办法去做呢？撑下去，不论发生什么事情，把你个人的悲伤藏在微笑底下，继续过下去。"

于是，我重新回去开始工作。我不再对人冷淡无礼。我一再对自己说："事情到了这个地步，我没有能力去改变它，不过我能够像他所希望的那样继续活下去。"我把所有的思想和精力都用在工作上，我写信给前方的士兵——给别人的儿子们。晚上，我参加成人教育班——要找出新的兴趣，结交新的朋友。朋友们都不敢相信发生在我身上的种种变化。我不再为已经永远过去的那些事悲伤，我现在每天的生活都充满了快乐——就像我侄儿要我做到的那样。

鲁滨逊太太讲完这些话，嘴角泛起一丝笑意。

心里装着哀愁，眼里看到的就全是黑暗，只有抛弃已经发生的令人不痛快的事情或经历，才能迎来新心情下的新乐趣。

在曲折的人生旅途上，如果我们需要承受所有的挫折和颠簸，就要学会化解与消释所有的困难与不幸，这样我们才能够活得更加长久，我们的人生之旅才会更加顺畅、更加开阔。

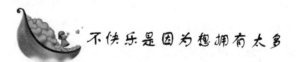

不快乐是因为想拥有太多

宋代词人辛弃疾有一句名言："物无关恶，过则为灾。"拥有，本该是一种原始而简单的快乐。但拥有的过多了，就会失去最初的欢喜，变得患得患失。"满足不在于多加柴草，而在于减少火苗；不在于积累财富，而在于减少欲念。"只有抱着随时清零的心理状态，才会有兴趣去欣赏世界可爱的一面，体会到他人的人情道义和善良，才能有机会感受到真正的快乐。

据说，蜈蚣在最初被造时并没有脚，但它仍可以爬得和蛇一样快。

有一天，它看到羚羊、豹子和其他有脚的动物都跑得比自己快，心里非常不高兴，便自我安慰似的念叨着："哼！有那么多的脚，当然跑得快了。"

于是，蜈蚣向造物主祷告说："造物主啊，我希望拥有比其他动物更多的脚。"

没想到，蜈蚣的这一请求不久后便真的实现了。造物主把许多只脚放在蜈蚣面前，任凭它自由取用。

蜈蚣迫不及待地拿起这些脚，不停地往自己身上贴，从头一直贴到尾，直到再也没有空间了，它才依依不舍地停止。蜈蚣心满意足地看着满身是脚的自己，暗暗窃喜："现在，我可以像箭一样飞出去了！"

然而，等它想要迈开脚步"狂奔"时，蜈蚣才发现自己完全无法控制这些脚。每一只脚都"各行其道"，要想让它们保持一致，蜈蚣必须要以百倍的精力去关注，才能使一大堆脚不致互相跌绊而顺利地往前走。这样一来，它走得反而比以前更慢了，而且还累得气喘吁吁。

过多的欲望也许从短期的表面上来看，的确得到了一些；但事实上，从长远的发展看，最终得到的都不会很多。想来，人之所以活得疲累，不是因为使之快乐的条件还没有攒齐，而是想要拥有的东西太多，从而成为痛苦的奴隶。

为什么孩子们总是快乐的？因为他们的要求单一而纯粹，没有更多的"附加值"。对于一个喜欢零食的孩子来说，一座金山也不如一包糖果能令他快乐；对于一个喜欢在野外玩耍的孩子而言，一团可以变幻出各种玩具的黏土胜过满屋子的高级玩具。

快乐其实很简单，生活原本也没有那么多的烦恼。想想自己童年时是多么容易快乐，就会明白幸福的源泉在哪里了。

西方有一句著名的话："生命如同一段旅程。"也就是说，在这段旅程中，每个人都背着一个空行囊向前行走。一路上，人们会捡拾到很多东西：地位、权力、财富、友谊、爱情、责任、事业……不断捡拾，于是行囊便渐渐被装满。然后，背负太多，沉重得让前进的阻力越来越大，迈步的表情越来越痛苦，快乐也就渐渐地消失了。

人生而无物，本来就该怀着满足。但当被给予了其一后，自然而然就想拥有其二。如此发展到最后，就形成了一种可怕的贪欲：只要自己没有的，就是好的，就一定想要。当欲望之火被点燃后，烦恼就来敲击心门了；当贪求更多时，痛苦便来缠身了。

从前，在一个富翁的隔壁，住着一对磨豆腐的小两口。曾有谚语说："人生三大苦，打铁撑船磨豆腐。"但磨豆腐的小夫妇却乐在其中，一天到晚歌声笑声，传到富翁的家里。

富翁的夫人一时间便感到失落万分，对丈夫说："我们有这么多钱，怎么还不如隔壁那家磨豆腐的小两口快乐呢？"

富翁说："这有什么，我让他们明天就笑不出来。"

当天晚上，富翁隔着墙扔了一锭金元宝。第二天，磨豆腐的家里果然就鸦雀无声了。

原来，夫妇俩正在合计呢！他们捡到了"天下掉下来的"金元宝后，对着这"飞来之财"便想，磨豆腐这种又苦又累的活儿以后是不能再做了。可是，如果做生意，赔了怎么办？不做生意？总有坐吃山空的一天。

一寻思二琢磨，之前快乐的小两口现在谁也没有心思说笑了，烦恼已经开始占据他们的内心。更令小两口痛苦的是，下一个金元宝会什么时候"掉"下来呢？这样，便能想买什么就买什么了。

当我们苦恼的时候，应该想想实际上是因为我们拥有了太多的东西，这样便能释怀。难道不是吗？想一想，这样的现象在生活中应该不难见到：填饱肚子又求珍馐，有了房舍又求华厦，谋得一职又求升职，得到千钱又求万金……宝贵的一生就在不断追求"拥有"中苦恼地度过。

然而，对于穷乡僻壤、困窘在山洼子里的孩子，拿到一本书、一支笔，就会激动的几夜难眠；拄着双拐的人们，如果有朝一日能够凭借自己的力量站起行走，哪怕只是一小步，也足以让他们心花怒放；干旱的花草仅仅需要一些水源，便能够继续绽放生命的美丽……这是一种简单而纯粹的要求，一旦获得，便拥有了无尽的甘甜。

拥有多少，到底有什么标准呢？正所谓"良田万顷，日食几何？华厦干间，夜眠几尺？"有钱人名下干金万土，但日夜畏惧、心难安稳。读书人知足常乐，以天下为己任，心怀众生："一箪食，一瓢饮，在陋巷，人不堪其忧，回也不改其乐。"

最朴素的道理告诉我们：有用比拥有更有价值。就像那个在行驶的火车上掉了一只新鞋的老人，在众人皆惋惜的时候，把另一只鞋子也扔到了窗外。老人的解释是："这一只鞋无论多么昂贵，对我而言已经没有用了；如果有谁能捡到一双鞋子，说不定他还能穿呢！"这看似的"失去"何尝不是另一种拥有？老人从中得到的内心快乐，又岂是用物质可以兑换的？

所谓拥"有"，是有限有量；所谓空"无"，是无穷无尽。如能以"有用"的胸怀来顺应真理，以"有用"的财富顺应人间，让"因缘有""共同有"来取代私有的狭隘，让"惜福有""感恩有"来消除占有的偏执，如此，心灵的源泉便不会枯竭，快乐便汩汩而流。

外表简单一点，内涵就会更丰富一些；需求简单一点，心灵就会更宁静一些；环境简单一点，空间就会更广阔一些。人们既然能找个理由难过，就一定能找到方法快乐。也许，获致快乐最好的方法就是，珍视此时所拥有的，遗忘不属于自己的。

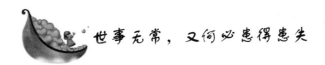

世事无常，又何必患得患失

一代名臣曾国藩曾说："得失有定数，求而不得者多矣，纵求而得，亦是命所应有。安然则受，未必不得，自多营营耳。"

其实，人生就是一个不断得而复失的过程，就其最终结果而言，失去比得到更为本质。随着整个生命的离去，我们所拥有的一切都将失去。世事无常，没有任何一样东西能够被真正占有。既如此，又何必患得患失？我们应该做，也是所能做到的，便是在得到时珍惜，失去时放手；安然于两者之间，心平而气和。

我们总认为得到本就理所当然，失去反而成了非常态。所以，每每失去，就不免感伤和追忆。其实，每个人心中都是明白的，在漫漫人生长河中，得失相伴随时。人生苦短的叹息，花开花落的无奈，即使诗画中也是风雨和阳光同在。这才是大自然的规律，也是普通人的平凡生活。

然而，平凡中自有升华。每一次的觉悟和放弃，都是一次灵魂的洗礼。伤感过后，仍是要回到现实生活中，日子并不会因为个人而改变。就在这叠进式的理解中，便会懂得超脱地望向未来。眼神里的凄楚，也因深刻而愈加美丽。

东晋大诗人陶渊明向来被世人奉为安贫乐道，高洁傲岸的精神典型，一段《五柳先生传》便足以为证：

"环堵萧然，不蔽风日；短褐穿结，箪瓢屡空，晏如也。常著文章自娱，颇示己志。忘怀得失，以此自终。"

想当初，那不为五斗米折腰的陶潜，也曾有过报效天下之志，十三年的仕宦生活是他为实现"大济苍生"的理想抱负而不断尝试、不断失望、终至绝望的十三年。然而终究，赋《归去来兮辞》，挂印辞官，彻底与上层统治阶级决裂，毅然不与世俗同流合污。对于所谓的世事得失，怎一个潇洒了得。

回归故里后，陶渊明一直过着"夫耕于前，妻锄于后"的田园生活。初时，生活尚可，"方宅十余亩，草屋八九间""采菊东篱下，悠然见南山"，虽简朴，却乐在其中。

后住地失火，举家迁移，生活便逐渐困难起来。如逢丰收，还可以"欢会酌春酒，摘我园中蔬"。如遇灾年，则"夏日抱长饥，寒夜列被眠"。然而，其安然于得失的本色，丝毫不改，稳于心中。

陶渊明的晚年生活愈加贫困，却始终保持着固穷守节的志趣，老而益坚。元嘉四年（427年）九月中旬，神志尚清时，他为自己写下了《挽歌诗》三首。在第三首诗中末两句说："死去何所道，托体同山阿"，如此平淡自然的生死观，情也飘逸，意也洒脱。

或许，对于陶先生的境界，我们一时无法企及，但至少能做到的，便是抱有一颗淡泊明志、从简修行的心。平静面对得失，执著于自身超脱；固然炎凉冷暖，又何碍于以冷眼旁观，泰然自若。

得到的并不一定是最好的，也并非是让我们刻骨铭心的——但这却是属于我们能够拥有的。得不到的就不要执迷于此，失去也未必不是一种简单和轻松。清风两袖间，更显得飘逸和潇洒。

平日里，我们好像只关心自己已经失去的，一味地沉浸于喋喋不休的埋怨与追悔中，无形中留下了许多伤感与怨恨。其实，快乐与否，只是我们内心看待得失的角度，就像这位老者：

老人家久居山野村落，每天早晨都往返于水井与家之间，只挑两担水。

日子久了，水桶就有点漏，滴滴答答，一路上长长一行。路人提醒他说："您换个水桶吧！"老人家笑笑不语，依旧挑着旧水桶来，挑着旧水桶去。

后来，仍不断有好心人提醒，老人除了感谢之外，依然没有任何改变。邻居终于不解地问道："您那么辛苦地挑了一担水，可水桶是漏的，等走到家时恐怕早已漏掉了小半桶。这么白费力气，何不换一个好桶呢？"

老人坦然一笑，说："没有白费力气啊。你回头看一看，这一路走来，我桶里漏的水不是都浇了路边的花草了吗？你看它们长得多好啊！"

对于得与失，老人早已释然并通解，所以有了如此安然而平和的心态。失去其实并不可怕，可怕的是我们不能够正视现实。往往，当我们对失去感到遗憾的同时，可能就在不经意间得到了另一种收获。既然已经失去了，又何必耿耿于怀，纠缠于内心？放弃不必要的冥想，珍惜眼前的平凡，自娱自乐，心安理得，没有刻意的追求，便不会有失去的伤感和沉重。

月亮的残缺并没有影响到它的皎洁，人生的遗憾也不该遮掩住她的美丽。不要再让担忧与焦虑消耗我们的精力，心态的调整只是一念之间的意识。安然于得失，简明的心性，胸襟便自然豁达于明媚之中。

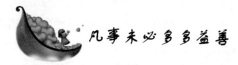

凡事未必多多益善

中国有句古话：花未全开月半圆。凡事不能过度地充满，正所谓物极必反，水满则溢。一味地追求和索取，最终只会被表面的浮华所拖累。当拥有的超过了所能享受的程度时，就如同鸟翼系上了黄金，展翅难飞。

倒茶不满，画图留白，都是一个度的把握，可见并非多多就益善。在心无旁骛的不疾不徐中，方可体现对目标的唯一、对梦想的忠诚。然后，便自有所得。

生命的意义在于内心的丰盛，而并非外在的拥有。如果一味地索求无限的物质，最终只能像这个故事里的哥哥一样，困死于自己被裹挟的内心中。

故事的主人公是两个家境贫困的亲兄弟。二人受到天神的恩惠，被告知了一个秘密：在离家不远的东山上，将会在某一天的日出时分出现一个山洞，里面有取之不尽、用之不竭的金银珠宝，可以供他们随意拿取。但同时，兄弟二人还被告知，这个山洞会在日落时分自动闭合，并且永远不会再开。因此，他们必须在日落之前走出山洞，否则就会被永远地困死在里面。

于是，兄弟二人在日出时分人手一个袋子，走进了洞中。不同的是，哥哥拿的袋子要比弟弟的大好几倍。

哥哥见状，还一番好意地提醒弟弟：既然能得到这个恩惠，就说明上天有意眷顾我们。山洞里的财宝任由我取，何不拿个大一点的袋子多装一些。而弟弟却劝哥哥不要太贪婪，更不能忘记最后的神谕：日落之前必须走出山洞。

哥哥对弟弟不领情反而还劝说自己感到很不高兴，便甩开了弟弟，自己一头走进了山洞。

很快，弟弟的小口袋便被装满了，他心满意足地准备出去。临走之前，他还是找到了哥哥劝说他要适可而止，并想拉他一起走。

可是，哥哥丝毫不理会弟弟的忠告，还觉得弟弟是有意不想让自己拿到更多的财宝。

看着正在一点一点西落的太阳，弟弟情急之下准备去强拉哥哥。可是，由于哥哥的口袋太大，里面装的财宝太多，无论怎么使劲，弟弟也无法拽动。

眼看着西山顶上落日的最后一丝余晖马上就要消失，弟弟不得不快步跑向洞口。就在弟弟走出山洞的那一刹那，他看到太阳最后一条金边儿彻底落下去了。弟弟痛心地喊了一声"哥哥"，眼睁睁地看着山洞的门口严严实实地合上了。他的哥哥带着满满一大口袋金银珠宝被关在了山洞里，永远没有出来的机会了。

当我们仍在苦苦追求大量的身外之物时，如果没有得到预期所想，就总是希望得到的多一些、再多一些。往往，人们总是羡慕自己没有的，所以便不加选择地疯狂敛取。然后，当我们拥有更多的时候，烦恼也会成比例的增加。因为，一旦拥有过多，便一个也不愿意舍弃，这个放不开，那个丢不下。生活中有太多的选择，有选择就有舍弃，所以我们会心酸，会痛苦，总觉得生活不如意。

实际上，我们很少想过自己所需要的是什么，又需要多少。当蓦然回首的那一刻才发现，自己曾经通过辛辛苦苦的努力和一点一滴的积累所拥有的许多东西，其实都不是自己真正所需的，如此便成为人生的冗赘。

那么，无论这些冗赘有着多么华丽的外表，我们都应当予以适度地舍弃，用减法来经营人生。在整个生命的历程中，对于我们真正有益的事情并不是获取更多的物质，而是有选择、有目的地剔除一些多余而繁冗的事物。这样，才能在喧嚣与躁动的时代中找到一片属于自己内心的宁静之所，很多事情才得以释怀。

40 岁时，吉姆·特纳继承了拥有 30 多亿美元资产的莱斯勒石油公司。

在员工的印象中，他永远都没有紧皱眉头的时候。加勒比海的那次海啸，给公司的油井造成了 1 亿多美元的损失，而吉姆·特纳在董事会上依然谈笑风生："纵然减去 1 亿美元，我还是比你们富有十倍，因为我有多于你们十倍的快乐。"他的孩子在车祸中不幸身

187

亡；他说："我有五个孩子，减去一个痛苦，还有四个幸福。"

在刚刚接手拥有巨额资产的石油公司时，人们都以为新上任的总裁会大干一番。然而，吉姆·特纳却组建起一个评估团，对公司资产做了全面盘点：以 50 年作基数，在资产总额中先减去自己和全家所需、应承担的社会费用，再减去应付的银行利息、公司硬性支出、生产投资等，最终发现还剩 8000 万美元。他从这笔钱中拿出 3000 万美元，为家乡建起了一所大学，余下的全部捐给了美国社会福利基金会。

人们对此大惑不解，吉姆·特纳说："这么多的钱对我来说反而成为了一种累赘，减去它就是减去了我生命中的负担。"

一直到 85 岁，吉姆·特纳才悄然谢世。他在自己的墓碑上留下这样一行字："今生令我最欣慰的，就是用好了人生的减法。"

我们向来认为，无论是对物质还是精神，都要不懈地努力追求、积累，似乎只有用加法营垒起的人生才会富有。其实，失去实质应用意义的富有只会变成一种拥塞和负担。

由此看来，很多时候并非多多益善。退尽繁华之后，最初的纯真梦想才会重新显现——而这时我们往往发现，人生所需不过种种，如返璞归真般，简单而又纯粹。只有勇于去冗除繁，才能拥有本真的自我。在"欠一点"的状态下，才会有所留恋，有所期待，才能充分享受物我和谐、游刃有余的生活。

简约宁静，才能体会安然祥和

我国著名数学家陈省身先生不止一次地对外表示：数学的一个重要作用就是九九归一，化繁为简、化大为小，就是把遇到困难的事物尽量划分成许多小的部分，如此一来每一小部分显然就更容易解决；而为人处世也是一样，越是一个单纯专一的人，就越容易在某一方面取得成功。

一个商人辛辛苦苦地忙了大半辈子，终于拥有了富甲一方的钱

（左侧竖排）计较、嫉妒、记恨：人生的三大敌人

财。他终于不用再捉襟见肘，不用再斤斤算计，宽裕的生活向他敞开。

富商攥着大把的金银财宝，破天荒地想给自己一次完全放松的机会。于是，他来到一片海滩上，准备静静地晒一晒太阳，享受一下大自然的美好。可是，已经习惯了在商场上拼杀的他，猛然这样一停下来，心里反而感到了百无聊赖的烦躁。正在这时，富商看到在不远处，一个衣着破烂的渔夫正在海滩上懒洋洋地晒着太阳，表情安详，嘴角微微上扬，一副怡然自得的样子。

富商见状，便好奇地走上前去问他："你不去工作，就这样浪费时间，怎么还会觉得高兴呢？"

渔夫反问道："我为什么要去工作呢？"

富商简直觉得渔夫的想法太不求上进了，理直气壮地解释说："努力地去工作，这样才能挣到足够多的钱，然后才能有钱出来到海滩上旅游，享受阳光啊。"

渔夫轻轻地笑了笑，依然不急不恼地问富商："享受阳光？我现在不就是在海滩上晒太阳吗？"

生活在这个繁杂的世界上，有太多的诱惑、太多的陷阱、太多的关系，使原本并不复杂的生活变得让人感觉是那么难。事物的本质从来都没有变，变的是复杂化了的人心。然后，人们单纯的面貌和健康的身心也开始变化，变得或是唯唯诺诺、谨慎小心，或是狰狞怒目、霸道无理。到最后，只弄得伤痕累累。于是，人们又开始抱怨社会的复杂，感叹自由的不再；一边怀念坦荡与诚信，一边又丢失了曾视为生命的自尊和本性。

其实，午夜时分，我们可以和自己的心灵对一对话。那时聆听到的声音，一定是最真实的，也是最本初的渴望，仿佛在说"脱去复杂的面具吧，生命之舟载不动太多的物欲与虚荣，简约才是福啊"。

难道不是吗？多余的脂肪会压迫人的心脏，多余的财富会增加人的负担，多余的幻想会毁灭人的生活，多余的追求会拖累人的心灵——该踏上归途了，回归内心，回归简约。

一位亿万富翁曾经给他的儿子写过一封信，其中有段这样的话：

第八章　摒弃悲观：人生虽痛苦，却不能悲观

189

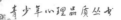

"简约是一种理智的生活态度，是一种豁达的人生情怀。因为，简单的人能够摆脱世俗的限制，而回归人性的真实。懂得有所约束的人，能够在阅尽纷繁后自我沉淀，得到独属于他的人生。

要记住，简约是一种难得的清醒，它尝试着为心灵减负，享受着生活的乐趣；简约也是一种淡泊明志的修行，它不为名扰，不为物忧。而简约的生活是不受羁绊的，始终循着自己的方向，远离复杂，随处安然。如此，福气至深。"

的确，生命本就应该以一种简单的方式来经历。人活得越复杂，就越不能挥洒自如。精神的富足能够让平凡的日子显得活色生香。就像对于艺术品来说，简约精致往往比华丽繁复更能震撼人心。那么对于人生而言，轻松与惬意也往往比奢侈与迷醉更能令我们感到幸福和愉悦。

提倡简约，自然是摒弃一种"穷忙"的生活，但同时也并非就是贫乏。它只是一种不让我们迷失自我的方法。可以因此抛弃那些纷繁而无意义的生活，全身心地投入到内心向往之所在，体验生命的激情和至高的境界。

当发现人生已失去原有的简单与宁静时，我们要做的不再是刻意地追求和无谓地争取，而是放弃奢侈的欲望，扫清人生道路上的重重障碍。唯此，生活才能回归轻松，才能重新体会安然祥和的幸福。

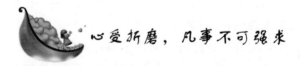

心受折磨，凡事不可强求

美国著名汽车公司福特汽车的创始人亨利·福特在回忆当初自己的管理方式时，感慨良深地说："没有一个人是无所不能的。如果当初没有我的及时改变想法和退出公司，也许福特公司就不会有这么大的发展。不管一个人的地位有多高，也不管他有什么样的成就，都会不可避免地犯这样那样的错误，没有谁是无所不能的。"

的确，一个人的能力是有限的，认识并接受了这样一个事实，我们便懂得凡事不要苛求自己。如果非要把自己拔到那些完不成的极限和遥不可及的梦想高度，又怎能不心受折磨？尊重客观规律，辩证把握强弱；抱着一种顺其自然的心态去追求，去努力，也就足够。

在福特公司创立之初，公司很多技术都是福特本人开发出来的，他也因此以技术而闻名。福特也认为自己无论是在企业管理，还是研发技术方面，都是无所不能的，似乎没有哪一部分能离得开他。

然而，在福特技术内部研究所里，整个公司技术人员都在为用"水冷"还是"气冷"冷却发动机而发生了激烈的争论。大部分技术员都支持采用"水冷"来冷却发动机，但是福特却认为"气冷"是最好的，因此整个福特公司生产出来的汽车都是"气冷"式轿车。

没过多久，在一次美国举行的一级方程式冠军赛上，一位车手驾驶福特汽车公司的"气冷"式赛车参赛。一开始，福特汽车遥遥领先；但在第三圈的时候，由于速度过快导致车身失控，赛车撞上了旁边的防护栏后油箱爆炸，车手被烧成重伤。

此事引起了"气冷"式轿车的销量剧减。技术人员要求研究"水冷"式轿车，可此时的福特还是坚持研究"气冷"式轿车，以至于公司的几名技术人员准备辞职。

"您是觉得您个人身兼数职重要，还是整个公司重要？"福特公司的副总经理感到事态严重，果断地找到福特。

面对这样严肃而直接的质问，福特惊讶地回答道："当然是整个公司重要了。"

"那就同意让他们去研究水冷引擎。"副总经理的毫不留情让福特猛然醒悟过来，明白了事态的严重性，也明白了自己一直以来大包大揽的角色错位。

于是，福特亲自召见了所有的研究人员，宣布公司以后技术研究的主要方向由他们决定，自己只是管理。紧接着，福特把当时想辞职的几名技术人员全部委以重任，自己也不再插手技术方面的问题，而转向了管理。

后来，公司的技术人员开发出适应市场的"水冷"式发动机，再加上福特先进的管理技术，福特汽车顿时销量大增。而这些技术

第八章 摒弃悲观：人生虽痛苦，却不能悲观

191

人员的努力使福特汽车顿时成为了汽车行业的品牌汽车。

就像福特事后感慨的那样，没有谁是无所不能的。只有正确地认识自己，才能有明确的发展方向，一个人如是，一个公司也不例外。"越位"的人生往往让人们总是抓狂于自己的苛求中，身心疲惫而沉重。让自己背负"超人"的角色越多，对苦闷的体验也就越敏感。

没有人是三头六臂无所不能的，即使再优秀的人，如果不把事情分担给别人，也会被所有的苦累压死。适当的休息，承认自己能力有限，才能真正从过度紧张的生活中解脱出来，过上松弛有度的生活，拥有简单而安然的幸福。

一位企业家，事业有成，只是身体已濒临崩溃的边缘。于是，来找一位有名的老中医，希望能给自己开些调理的药。

老中医在询问完他日常的工作生活情况后，只劝他多多休息。没想到却引来了企业家激动地抗议："那哪行！我每天承担着巨大的工作量，没有一个人可以为我分担啊！""为什么呢？难道没有人可以帮你处理文件吗？"

"不行呀！这些文件都是相当紧急而且重要的，只有我自己一份一份亲自批示，才能尽快地采取正确的决策。"企业家不耐烦地说。

"如果是这样，那么你的处方我已经给你开好了。"老中医不容置疑地说。

企业家欣喜地拿过处方一看，只见上面只写了两行字：每天散步两个小时；每周保证有至少半天的时间去一趟墓地。

对此，企业家怎样也无法理解，甚至对老中医的不负责任有些生气。他又返回诊室，质问老中医。

"之所以让你去墓地，是因为"，老中医不紧不慢地解释，"我是希望你四处走一走，看望一下那些与世长辞的人。他们生前也曾跟你一样，认为全世界的事情都得打包扛在肩上，如今他们却全都长眠于黄土之中。你要知道，有一天你也会加入他们的行列，但是地球不会因为你的消失而停止转动，而其他人则像你现在一样继续工作。所以，我建议你站在墓地前好好想一想这些摆在眼前的事实。"

至此，这位企业家恍然大悟。他依照老中医的指示，放缓生活的步调，并且转移一部分职责。从此获得了心灵上的平和与安宁，生活渐趋平缓，事业仍然保持蒸蒸日上。

有很多人都会或多或少地存在着这样一种心态：对自身缺乏全面而客观的认识，过分标榜某种能力，随意夸大自身能量，对凡事大包大揽。追求"事事通"的结果，往往只能是"事事空"。因为，在设定了纷繁复杂的行动目标的同时，也就忘记了自己最初上路的目标。

追求梦想本是一件极有魅力的事情，但请记住，你只是一个和芸芸众生一样再普通不过的人，凡事不可苛求。与人无争，与己有求，但并无奢望。如此，便可放下许多的事情，让每天的生活闲不住，也累不着。剔除冗繁后，沉淀下来的往往是最简单却又最本初而真挚的。人生所要，不过是清清淡淡一碗饭，真真切切一路情。在此过程中，怀着心无旁骛的淡定，很多事情便自然水到渠成。

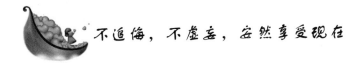
不追悔，不虚妄，安然享受现在

法国 17 世纪思想家巴斯葛曾经写过这样一段话："我们向来不曾把握现在；不是沉湎于过去，就是殷盼着未来；不是拼命设法抓住已经如风的往事，就是觉得时光的脚步太慢，拼命设法使未来早点到临。我们实在太傻，竟然流连于并不属于我们的时光，而忽视唯一真正属于我们的此刻。"

过去是记忆，未来是想象；我们所要寻找的，无论是快乐也好幸福也罢，都不会在已经过去了的昨天，也不会在尚未到来的明天。淡泊于沉往，明志于未来，而最简单的方法就是把握住已经拥有的今天。如此，不追悔，不虚妄，才会安然享受现在。

著名将军艾森豪威尔踏实、务实的作风一直被广为传颂，而这来源于他年轻时一次玩纸牌的经历。

一天晚饭后，艾森豪威尔兴致勃勃地坐下来，和家人一起打扑

193

克。没想到的是，他的运气却背得出奇，几乎没有一把抓到过好牌，结果自然是每局都输得很惨。艾森豪威尔的脸开始沉了下来，不高兴地小声嘟囔着。

这时，坐在一旁的妈妈停了下来，也收敛了笑容，严肃地对他说："如果你想要有个好的结果，就必须利用你手中现有的牌打好每一局！"

艾森豪威尔一愣，抬起头望着母亲。刚想张嘴辩驳两句，母亲紧接着又说："人生也是如此，追求成功的人只会竭尽全力把握住此刻，才有可能赢得最后的结果。"

事后，艾森豪威尔把那天的经过记在了日记中，并深深地刻在了脑子里。直到很多年过去了，艾森豪威尔还一直牢记着母亲的这句话，从未再对生活有过任何抱怨。

生活是由许多个"今天"组成的，要想把握住生活，首先就要把握好现在的每一天，每一个现在。今天终究会变为昨天，明天最终会成为今天。幸福感是强是弱，就看我们是否能把握住"现在"。

有些人只会把无限的希望寄托于明天，处心积虑地策划出很多计划，然后，往往就被自己设计出来的复杂路数而牵绊住了脚步，失去了迈开步子的勇气；他们充其量是一个空想者，最终势必一事无成。还有一些人，总是活在过去的回忆中，或者如歌中所唱"怀念伤害我们的"，或者沉迷于往昔的辉煌；孰不知，这样的人在唉声叹气中就把一个又一个的今天也叹成了"回忆"，终究仿佛不曾真实地生活过一样。

的确，也许我们都把太多的时间和精力投入到两个虚妄的世界里，惶惶碌碌终其一生。实际上，无论是未来将会怎样，还是过去曾经怎样，结果都是一样的——我们因为没有关注当下而错失了最真实的现在。不珍惜当下，只会错失唯一拥有的，只会把每一个经历着的今天都变成留有遗憾的昨天。

同时，世界的变化如此之快，一不留神又是一片新的天地，我们等不来和想象中一样的未来。而对生活充满幻想只会造就一个极端的自我：终日为过去和将来忧心忡忡，超负荷地提升自己，患得患失……结果一身心俱疲，也丧失了当下的各种乐趣。

计较、嫉妒、记恨：人生的三大敌人

其实，对待生命最虔诚的态度，莫过于实实在在地过好每一天。只有那些懂得如何利用"今天"的人，才会在"今天"创造幸福的奠基石，孕育明天的希望。只有抓住现在，才能有辉煌和灿烂的未来。一个连今天都放弃的人，又哪有能力和资格去说"还有明天"呢？

享有我们现在所有的安乐和幸福，不要梦想着明年不可期的富贵生活；享受我们今天简洁舒适的衣服，不要妄想明年不可期的锦华狐裘。踏踏实实地过好每一刻，比不切实际的计划和妄想更简单，也更能让内心得到喜乐。

是的，昨天无论是灰暗还是阳光，也都不可能再回来了，而明天则根本还未来临。昨天与明天并不存在，它们只是"曾经存在"或"可能存在"的状态，唯一存在的是今天。把握住今天，才是最安稳最愉快，也是最简单的方法。

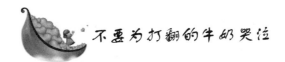

不要为打翻的牛奶哭泣

印度诗人泰戈尔曾说过这样一句话："如果你因为失去了太阳而流泪，那么你也将失去群星。"

过去的已经过去，时光从来不会逆转。或哀伤遗憾，或留恋沉迷，除了劳心费神、分散精力之外，没有一点益处。这一秒钟的当下也即将成为过去，如果不活在当下，只能在下一秒钟继续为过去埋单。把握住当下所有的欢乐和幸福，才不会生活在永无止境的遗憾中。

在某个中学里，一位老师看到班上的许多学生都会为已经出来的成绩而感到不安。他们总是在交完考卷后充满了忧虑，或者是在发下试卷后，对自己的分数不满。这位老师看在眼里，记在了心上。

一天，这位老师在实验室里讲课，他把一瓶牛奶放在桌上，沉默不语。

学生们不明就里地看着老师，不知道这瓶牛奶和他们要上的这

第八章 摒弃悲观：人生虽痛苦，却不能悲观

195

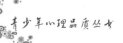

节课有什么关系，教室里一片安静。

这时候，老师突然站了起来，故意失手把那瓶牛奶打翻在水槽中。学生们都很惊讶，围拢到水槽前议论纷纷，都觉得太可惜了。

等学生们感叹完了，这位老师才说："我希望你们永远记住这个道理，牛奶已经流光了，无论你们怎样后悔和抱怨，都没有办法取回一滴。如果你们可以事先加以预防，想一些保住那瓶牛奶的方法，那还是有意义的。可是现在一切都晚了。你们现在能做的，就是吸取这次的教训，然后便把它忘记，开始注意下一件事。"

"如果我昨天那样做了，那么我就可以成功了；如果再给我一次机会，我一定能得第一；如果能回到昨天去弥补那个过失，后果也许就不会那么严重……"可是，人生没有这么多的"如果"，昨天的事情无论好坏，我们都已无法改变，那么就不要再为昨天停留。

过去的已经过去，历史不能重新开始；为过去哀伤，为过去遗憾，除了劳心费神，分散精力之外，没有一点益处。俗话说"覆水难收"，漫漫人生是不可逆转的，当然也无所谓重新选择的机会。也许生命里曾有过失败和伤痛，但那只是过去的演绎；若沉湎其中，只会耽误了当下的生活。

一个猎人带着儿子去打猎，在林子里活捉了一只小羊。儿子非常高兴，要求饲养这只小山羊。父亲答应了，将猎物交给儿子，要他先带回家去。

儿子挎着枪，牵着羊，沿着小河回家。中途，羊在喝水的时候忽然挣脱绳子，儿子紧追慢赶，到底没有抓住，到手的猎物就这么飞走了。

儿子既恼火又伤心，坐在河边一块大石头后哭泣，不知道如何向父亲交待，满腔懊悔之情。

他糊里糊涂等到傍晚，看见父亲沿河边走来了。儿子站起身，告诉父亲丢羊一事。父亲非常惊讶，问："那你就一直这么坐在大石头后面吗？"

儿子赶忙为自己辩解："我没能追赶上它。后来也四处找了，还是没有踪影。"

父亲摇摇头，指着河岸泥地上一些凌乱的新鲜脚印："看，那是什么?"

儿子仔细查看后,惊讶地问父亲:"刚刚来过几只鹿吗?"

父亲点点头: "是啊!为了那只小山羊,你错过了整整一群鹿啊!"

不为昨天埋单,通俗而言,就是不要和自己的过去较劲。如果一有过错我们就陷入无尽的自责、哀怨、痛悔之中,我们将永远活在昨天,而失去了前进的动力。对于错误来说,懊悔毫无用处,只能带来更大的痛苦。如果摔倒了,我们唯一该做也是能做的,就是爬起来,拍拍身上的灰尘,重新走上人生的旅途。

很多时候,当我们或是沉醉于过去成功的喜悦中,或是深陷于昨日失败的阴影时,翌日的太阳就已经在对着我们微笑了。也就是说,恰恰是眼下正在经历的,是我们能力范围之内唯一能把握的。抓住能抓到的,便会觉得无论是快乐也好、成功也罢,仿佛就不再那样遥不可及、高不可攀,就会觉得这些我们向往已久的心愿其实都近在咫尺般简单易得。

请记住这样一句话:你虚度的今天,正是昨天死去的人们无限向往的明天。

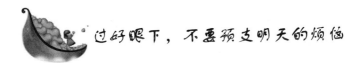

过好眼下,不要预支明天的烦恼

如果明天注定会有烦恼,那么今天的时光就更加宝贵。但往往许多烦心和忧愁都是自我束缚的绳索,是对自己心力的无端耗费,无异于给自己设置了虚拟的精神陷阱。过好眼下这一刻,也许下一刻会随之改变。所以在人生的储蓄卡上。请记得不要预支烦恼。

明天的烦恼真的能在今天解决吗?让这个故事中的小和尚来告诉我们:

在远离闹市的深山幽林中,坐落着一个很大的寺庙院子,被层层叠叠的百年老树所荫蔽着。每逢深秋,寺院的地上便铺满了厚厚的一层落叶。有一个小和尚便是专门负责在每天早晨把这些落叶清

扫干净的。

然而，在寒凉的秋冬之际，清晨起床清扫落叶实在是一件苦差事。有时，伴着清扫，一阵寒风吹过，又有些许树叶随风飘落。这样，每天早晨都需要花费很多时间才能把已经落在地上的树叶清扫干净。这让小和尚头痛不已，一直琢磨着能有一个什么好办法，可以让自己稍微轻松些。

小和尚一时愁眉不展，被一个师兄看见了。问清原因后，师兄嘲笑小和尚脑子不开窍，最后不屑地告诉他："明天打扫落叶之前，你先用力摇一摇树，尽可能地把更多的树叶摇下来，这样后天就不用再那么辛苦了！"

小和尚半信半疑，但想到秋寒的早晨那份冷气，不禁打了一个寒战。于是，第二天早晨小和尚按照师兄说的办法，在扫地之前使劲摇一摇树，落下来很多的树叶。小和尚用了平时 2 倍的时间将所有落下的树叶都扫干净了。

第二天晚上，小和尚一想到第三天早晨可以睡个懒觉，美滋滋地跑去师兄的房间玩去了。第三天早晨，当师傅把小和尚叫过来，问他为什么今天不扫地？小和尚把事情的原委说了一遍。

师傅摸摸小和尚的脑袋，意味深长地说："孩子，无论你今天怎样用力，明天的落叶还是会飘落下来啊。"

是啊，生活中的我们又何尝不像这个小和尚一样呢？我们总是企图把人生的烦恼都提前解决掉，以便将来高枕无忧，以为那样就能彻底地摆脱烦恼，过上自由自在的生活。

可殊不知，这个世界上有太多的事情是无法提前预支的。过早地被将来烦扰，除了给自己带来更多无谓的沮丧，让生活变得更加沉重之外，没有一点是对问题有所益处的。所谓"活在当下"，就是指努力过好现在；实际上，一天的担当承担好，便是为下一天的轻松提前做好了准备。

世事忙碌中，人们往往都心神不宁地担心着明天和未来。可是，如果明天注定会有烦恼，今天的所有情绪都是于事无补的。唯有保持坚强的心灵，面对任何困难，都能坦然而从容地去面对、去解决。

何况，明日真的会如我们担心的那样，让人烦恼吗？来听听美国作家布莱克·伍德在他的文章中是怎样描述的：

我以前也听人们谈起过，世界上绝大部分的烦恼都不会发生。对此我一直不太相信，直到我再看到自己这张烦恼单时，我才完全信服。它让我明白了一个深刻的道理：为了根本不会发生的情况而饱受煎熬，是一件多么悲惨的事情。

1943 年夏天，世界上绝大多数的烦恼几乎在一时间都降临到我的身上，命运显得是那么的有失公正。在此之前，我的生活几乎是一帆风顺，即使遇到一些烦心事，我也能从容不迫地应付。然而，当所有的烦恼聚集在一起向我袭来时，"苦不堪言"几乎成了我生活的全部。无奈之下，我决定把它们都列在纸上：

1. 我所办的商业学校，因为正值第二次世界大战期间，男生都入伍打仗去了，而面临着严重的财务危机。很多在兵工厂上班的女孩子挣得工资，也比从我们学校毕业的女生高得多——女生也都不愿意来学校上学了。

2. 和天下所有的父母一样，我和妻子无时无刻地在为去前线的大儿子而担心。

3. 渴望上大学深造的女儿提前一年高中毕业，可是我这当父亲的却是囊中羞涩。

4. 我的住房附近要修建机场，土地和房产基本上属于无偿征收——赔偿费只有市价的十分之一。

5. 住在离城区较远的我们受战时限制，不能购买新轮胎，因而总是为自己的那辆老爷车是否会在荒郊野外抛锚而提心吊胆。

还有太多的让我烦恼的事都没有写在纸上。但至少，这种方式让我感到自己轻松了一些。随即就把这纸条放在了一边。将近半年过去了，我早已忘记自己曾经写过什么无聊的话。

又过了很久，我在整理物品时不经意间发现了这张纸条。再次读起来时便感到是那样的滑稽——因为纸条上列出来的，没有一件烦恼变成现实：

1. 政府开始拨款训练退役军人，我的学校不久就招满了学生。

2. 感谢上帝，大儿子平安无恙地从战场上归来。

3. 在女儿大学开学的前六天，有人介绍我去做稽查工作，这让

第八章 摒弃悲观：人生虽痛苦，却不能悲观

199

我正好可以在业余的时间兼职，为女儿筹全学费。

4. 房子附近又发现了油田，因此那块地不会再被征用了。

5. 我对车子小心养护，所以它也很给面子，从来没有抛锚。

后来，布莱克·伍德根据自己这段亲身经历，写成了那本书来告诉人们：其实，生活中有 99% 的预期烦恼都是不会发生的。当我们再被明天的烦恼羁绊时，不妨问问自己：我怎么知道我所担心的事情就真的会发生？

不预支明天的烦恼，才能使我们的生活更加轻松而富有诗意。抱着一颗简单的心，不要对未来有太多过于复杂的"设计"。想象出来的烦恼比实际发生的更多、更可怕。正如冒险家埃尔勒·哈利伯顿所说："怀着忧愁上床，就是背负着包袱睡觉。"甩掉预想出来的包袱，便不会再有那么多繁杂的思绪来充斥着内心，由此，澄净才会开始。

第九章　摒弃依赖：克服依赖心理，打造精彩人生

　　对于成大事者而言，拒绝依赖他人是对自己能力的一大考验。就是说，依附于别人是肯定不行的，因为这是把命运交给别人，而失去做大事的主动权。

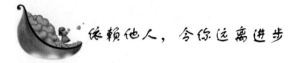依赖他人，令你远离进步

对于成大事者而言，拒绝依赖他人是对自己能力的一大考验。就是说，依附于别人是肯定不行的，因为这是把命运交给别人，而失去做大事的主动权。

有些人遇到什么事、什么人，首先想到的是别人怎么看、怎么想，在做什么事的时候总是追随别人、求助别人，这就是对别人的依赖。别人说什么就是什么，别人做了以后自己才敢去做，凡事不相信自己，不能自作主张，不能自己决断，这也是对别人的依赖。这样的人，在家中依赖父母、兄弟、爱人，在外面依赖上司、同事，一天不依赖，他就一天也做不了人。要是没有人在他的身边，他会不知所措，变得紧张、慌乱，失去方向。这样的人，是人格没有成熟、没有健全的人，是身体懒惰和心理懒惰的人。

很多人都以为他们永远会从别人不断地帮助中获益，却不知一味地依赖他人只会导致懦弱。如果一个人总是依靠他人，将永远也坚强不起来，永远也不会有独创力。人生往往就是这样，要么独立自主，要么埋葬雄心壮志，一辈子老老实实做个普通人。

一个登山者一心一意想登上世界第一高峰。在经过多年的准备之后，他开始行动。但是，由于他希望完全由自己独得全部的荣耀，所以他决定独自出发。他开始向上攀爬，时间已经有些晚了，然而，他非但没有停下来准备露营的帐篷，反而继续向上攀登，直到四周变得非常黑暗。山上的夜晚显得格外的黑暗，这位登山者什么都看不见，到处都是黑漆漆的一片，能见度为零，因为月亮和星星又刚好被云层给遮住了。即便如此，这位登山者仍然继续向上攀爬着，就在离山顶只剩下几米的地方，他滑倒了，并且迅速地跌了下去。跌落的过程中，他仅仅能看见一些黑色的阴影，以及一种因为被地心引力吸住而快速向下坠落的恐怖感觉。

他下坠着，在这极其恐怖的时刻，他的一生，不论好与坏，也一幕幕地显现在他的脑海中。

当他一心一意地想着，此刻死亡正在如何快速地接近他的时候，突然间，他感到系在腰间的绳子重重地拉住了他。他整个人被吊在半空中……而那根绳子是唯一拉住他的东西。

在这种上不着天、下不着地、求助无门的境况中，他一点办法也没有，只好大声呼叫："上帝啊！救救我！"

突然间，天上有个低沉的声音回答他说："你要我做什么？"

"上帝！救救我！"

"你真的相信我可以救你吗？"

"我当然相信！"

"那就把系在你腰间的绳子割断。"

在短暂的寂静之后，登山者决定继续全力抓住那根救命的绳子。

第二天，搜救队找到了他的遗体，他的尸体已经冻得僵硬，挂在一根绳子上，他的手紧紧地抓着那根绳子——在距离地面仅仅 1 米的地方。

因为依赖这根"绳子"，登山者走向了死亡。如果放开依赖，登山者的命运便可以改写。新生命的诞生是从剪断脐带开始的，生命所受到的最大束缚就来自于它对"绳子"的依赖。人类注定只有靠自己才能获得自由，"你的命运藏在你自己的胸里"，如果你依恋那根"绳子"，你至死也不会明白为什么自己会那么卑贱地离开这个世界。

依赖他人，我们就会觉得总是会有人为我们做任何事，所以不必努力，结果只能导致人生走向失败。

有些人是在等着从父亲、富有的叔叔或是某个远亲那里弄到钱。有些人是在等那个被称为"运气"、"发迹"的神秘东西来帮他们一把。

从来没有某个等候帮助、等着别人拉扯一把、等着别人的钱财或是等着运气降临的人能够真正成就大事。生活中最大的危险，就

203

是依赖他人来保障自己。如果一个人依赖他人，他将永远坚强不起来，也永远不会有独创力。雨果曾经写道："我宁愿靠自己的力量打开我的前途，而不愿企求有力者的垂青。"

只要一个人是活着的，他的前途就永远取决于自己，成功与失败都只系于自己身上。而依赖作为对生命的一种束缚，是一种寄生状态。英国历史学家弗劳德说："一棵树如果要结出果实，必须先在土壤里扎下根。同样，一个人首先需要学会依靠自己、尊重自己，不接受他人的施舍，不等待命运的馈赠。只有在这样的基础上，他才可能做出成就。"将希望寄托于他人的帮助，便会形成惰性，失去独立思考和行动的能力；将希望寄托于某种强大的外力上，意志力就会被无情地吞噬掉。

真实人生的风风雨雨，只有靠自己去体会、去感受，任何人都不能为你提供永远的荫庇。你应该掌握前进的方向，把握目标，让目标似灯塔般在高远处闪光；你应该独立思考，有自己的主见，你必须懂得自己解决问题。你不应相信有什么救世主，不该信奉什么神仙或皇帝，你的品格、你的作为，你所有的一切都是你自己行为的产物，并不能靠其他什么东西来改变。

你，就是主宰一切的神灵。一个人，即使驾着的是一匹羸弱的老马，但只要马缰掌握在他的手中，他就不会陷入人生的泥潭。人只有依靠自己，才能配得上最高贵的东西。

人生中，任何人都不能为你提供永远的荫庇，只有你自己能主宰你命运的沉浮。祛除依赖心理，独立面对真实人生的风风雨雨，相信你定能奏响生命雄壮的乐章。

 依赖的习惯是走向成功的绊脚石

比尔·盖茨说："依赖的习惯，是阻止人们走向成功的一个绊脚石，要想成大事，你必须把它一脚踢开。只有靠自己的力量取得的成功，才是真正的成功。"

香港巨富李嘉诚的两个儿子李泽钜和李泽楷从美国斯坦福大学毕业后，想在父亲的公司里干一番事业，但被李嘉诚果断地拒绝了："我的公司不需要你们！你们还是自己去打江山，让实践证明你们是否适合到我公司来任职。"

兄弟俩去了加拿大，一个搞地产开发，一个投资银行。他们克服了外人难以想象的困难，把公司和银行办得有声有色，成了商界出类拔萃的人物。

李嘉诚以"冷酷无情"把孩子逼上自立、自强之路，铸造了他们勇敢坚毅、不屈不挠的人格和品性。

很多有识之士认为，把孩子放在可以依靠父亲或是可以指望帮助的地方是非常危险的做法。在一个可以触到底的浅水处是无法学会游泳的。而在一个很深的水域里，孩子会学得更快更好。当他无后路可退时，他就会全力以赴以使自己安全地抵达河岸。

坐在健身房里让别人替我们练习，是永远无法增强自己的肌肉力量的；越俎代庖地给孩子们创造一个优越的环境，好让他们不必艰苦奋斗，就永远无法让他们独立自主，成为一个真正的成功者。

爱默生说："坐在舒适软垫上的人容易睡去。"我们身边有不少人在观望等待，其中很多人不知道自己究竟在等什么，但他们依然盲目地在等某些东西。他们隐约觉得，会有什么东西降临，会有些好运气，或是会有什么机会发生，或是会有某个人帮他们，这样他们就可以在没受过教育、没有充足的准备和资金的情况下为自己获得一个开端，或是继续前进。

事实上，他们错了。只有自强、自立、自尊的人才能打开成功之门。

林肯有一个异姓兄弟名叫詹斯顿，他曾经是一个游手好闲、好吃懒做的人，经常写信向林肯借钱，林肯想了很多办法来教育他。下面是林肯写给詹斯顿的一封信：

205

我想我现在不能答应你借钱的要求。每次我给你一点帮助，你就对我说："我们现在可以相处得很好了。"但过不多久，我发现你又没钱用了。你之所以这样，是因为你的行为上有缺点。这个缺点是什么，我想你是知道的。你不懒，但你毕竟是一个游手好闲的人。我怀疑自从上次见到你后，你没有好好地劳动过一整天。你并不完全讨厌劳动，但你不肯多做，这仅仅是因为你觉得从劳动中得不到什么东西。

这种无所事事浪费时间的习惯正是你的困难之所在。这对你是有害的，对你的孩子们也是不利的，你必须改掉这个习惯。以后他们还有更长的生活道路，养成良好习惯对他们很重要。

让他们从一开始就保持勤劳，这要比让他们从懒惰习惯中改正过来容易。

现在，你的生活需要用钱，我的建议是，你应该去劳动，全力以赴地以劳动赚取报酬。

让父亲和孩子们照管你家里的亨——备种、耕作。你去做事，尽可能地多挣些钱，或者还清你欠的债。为了保证你的劳动有一个合理的优厚报酬，我答应从今天起到明年 5 月 1 日，你用自己的劳动每挣 1 元钱或抵消 1 元钱的债务，我愿另外给你 1 元。

这样，如果你每月做工挣 10 元，就可以从我这儿再得到 10 元，那么你做工一月就净挣 20 元了。你应该明白，我并不是要你到圣·路易斯或是到加利福尼亚的铅矿、金矿去；我是要你就在家乡卡斯镇附近做你能找到的有最优厚待遇的工作。

如果你愿意这样做，不久你就能还清债务，而且你会养成一个不再负债的好习惯，这岂不更好？反之，如果我现在帮你还清了债，你明年照旧背上一大笔债。你说你几乎可以为七八十元钱放弃你在天堂里的位置，那么你把你在天堂里的位置看得太不值钱了，因为我相信如果你接受我的建议，工作四五个星期就能得到七八十元。

你说如果我把钱借给你，你就把地抵押给我，如果你还不了钱，就把土地的所有权交给我——简直是胡说！你现在有土地还活不下去，如果你没有土地又怎么过活呢？你一直对我很好，我也并不想对你刻薄。相反，如果你接受我的忠告，你会发现它对你比 10 个 80 元还有价值。

一个人应当学会在社会中自立，不能太依赖别人的帮助。依靠别人的帮助只能满足你的一时之需，真正要在社会中生存下去，还是要靠你自己的力量。

只会蜷伏在母亲翅膀下的雏鹰，充其量不过是只柔弱的"鸡"，它绝不会成为搏击万里云天、俯视苍茫大地的雄鹰。

人要勇于自强自立，不要仰仗父母的保护伞。要相信自己的能力，自己探出一条成才之路来。过多的依附、仰赖，只能造就平庸孱弱、无所作为的凡夫俗子；过分的温存、溺爱，只能消磨人的意志，磨平人的锐气，养育出娇嫩的花朵。

中国历史上也不乏鼓励子女自强自立的有识之士。清代画家郑板桥老年得子，却并不溺爱，而是力促他自立，要求他：流自己的汗，吃自己的饭，自己的事自己干。靠天靠人靠祖宗，不算是好汉。

在传统的意识中，人们崇尚出身门第，欣羡继承权，自我创业的意识则非常淡薄。在当今的社会里，长辈们应提供给后代的是"工具箱"，而不是万贯家产。对于有志者来说，确立不依赖父母长辈，一切靠自己独立创业的自立意识，是明智的；若是一切都仰仗父母，做蜷伏在先辈羽翼下的小鸡，是最没出息的。

摆脱一份依赖，你就多了一份自主，也就向自由的生活前进了一些，向成功的目标迈近了一步。

一位教育家曾为青少年摆脱依赖心理提出了以下几点建议：

1. 依赖自己，而不是依赖别人、依赖组织、依赖亲人。一切都靠自己去奋斗、去争取。只有一切依靠自己，才能获得真正的成功。

2. 消除身上的惰性。依赖心理产生的源泉，在于人的惰性。要消除依赖心理，先要消除人身上的惰性。要消除惰性，就得锻炼自己的意志。处理事情的时候，要果敢上前，说做就做，该出手时就出手；还得有灵活的头脑，要善于思考、勤于思考。

3. 要有独立意识，要自己替自己做主。只有自己劳动所得的成果，才是真正属于自己的；只有享受自己的成果，才会有真正的快乐。

4. 要从小事做起，每天都应认真反省，一步一个脚印地去做。任何事情都不可能一下子就做成，都需要慢慢地起步，一步步地积累。这就像是跳高，总需要先慢慢跑几步，然后再快速跑，最后才起跳。

控制了依赖心理之后，一个人才会找到自己的生活目标，找到生活的方向，最终靠自己获得事业的成功。

而只有靠自己取得的成功，才是真正的成功。

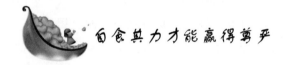

自食其力才能赢得尊严

有这样一则故事：

从前，老虎并不像现在这样威风，相反，他是所有动物中最弱小的一个。因为捕捉不到动物，常常是饥一顿、饱一顿。

于是，狮王把所有的小动物都召集起来说："老虎是我们中的一员，我们不能眼睁睁地看着他饿肚子而不管不问。我建议，大家都伸出友谊之手，拉他一把，帮他渡过难关。"

于是，动物们都给老虎送去了好吃的东西，唯有猫什么东西也没有送。

狮王不高兴地对猫说："大家都为老虎送了东西，你怎么什么都不送呢？"

猫说："你们送给他的东西虽然很多，但总有一天会吃完的，我要送给他一件永远吃不完的礼物。"

狮王不屑地说："算了吧，你除了能送几只老鼠外，还能送什么呢？"

猫回答说："以后你会看到的。"

几个月以后，狮王又来到老虎家。好家伙！老虎家里里外外到处都挂着好吃的东西。

狮王问："这些东西都是猫送的？"

"不，"老虎说，"他送的礼物要比这些东西贵重千万倍！"

狮王好奇地问："那究竟是什么东西？"

老虎说："他教我练壮了身体，又教我学会了捕食的本领。"

"噢！"狮王从头到尾把老虎打量了一番说，"难怪你那么崇拜他呢，连衣服也和他穿得一模一样！"

再多的好东西都比不上一身本领。要想在社会上立足，就要摆脱依赖他人的想法，不断提高自身的能力，练就一身谋生的好本领。只有这样，才能为自己赢得尊严。

一年冬天，美国加州的一个小镇上来了一群逃难的流亡者。长途的奔波使他们一个个满脸风尘，疲惫不堪。善良好客的当地人家家生火做饭，款待这群逃难者。镇长约翰给一批又一批的流亡者送去粥食。这些流亡者显然已好多天没有吃到这么好的食物了，他们接到东西，个个狼吞虎咽，连一句感谢的话也来不及说。

只有一个年轻人例外，当约翰镇长把食物送到他面前时，这个骨瘦如柴、饥肠辘辘的年轻人问："先生，吃您这么多东西，您有什么活儿需要我干吗？"约翰镇长想，给一个流亡者一顿果腹的饭食，每一个善良的人都会这么做。于是，他说："不，我没有什么活儿需要你来做。"

这个年轻人听了约翰镇长的话之后显得很失望，他说："先生，那我便不能随便吃您的东西，我不能没有经过劳动，便平白得到这些东西。"约翰镇长想了想又说："我想起来了，我家确实有一些活儿需要你帮忙。等你吃过饭后，我就给你派活儿。"

"不，我现在就做活儿，等做完您的活儿，我再吃这些东西。"那个青年站起来。约翰镇长十分赞赏地望着这个年轻人，但这个年轻人已经两天没有吃东西了，又走了这么远的路，已经疲惫不堪，可是不给他做些活儿，他是不会吃下这些东西的。约翰镇长思忖片刻说："小伙子，你愿意为我捶背吗?"那个年轻人便十分认真地给他捶背。捶了几分钟后，约翰镇长便站起来说："好了，小伙子，你捶得棒极了。"说完就将食物递给年轻人，年轻人这才狼吞虎咽地吃起来。约翰镇长微笑地注视着那个青年说："小伙子，我的庄园很需要人手，如果你愿意留下来的话，那我就太高兴了。"

那个年轻人留了下来，并很快成为约翰镇长庄园的一把好手。两年后，约翰镇长把自己的女儿詹妮许配给了他，并且对女儿说："别看他现在一无所有，可他将来100%是个富翁，因为他有尊严!"

果然不出所料，20多年后，那个年轻人真的成为亿万富翁了，他就是赫赫有名的美国石油大王哈默。哈默穷困潦倒之际仍然自尊、自立的精神，赢得了别人的尊敬和欣赏，也为自己带来了好运。

靠别人的施舍或者资助而生活的人，无法赢得别人的尊重，而他本人也体会不到劳动的价值和快乐。一个人只有自食其力，才能够为自己赢得尊严。因此，我们要摆脱依赖他人的想法，用自己的双手来养活自己。

一个人只有自立才能为自己赢得尊严。一个在穷困中仍然能够保持自立精神，不依靠别人的施舍生活的人，最终必将获得人生的成功。

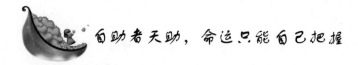

自助者天助，命运只能自己把握

某人在屋檐下躲雨，看见一个和尚正撑伞走过。

这人说："大师，普度一下众生吧，带我一段如何?"

和尚说："我在雨里，你在檐下，而檐下无雨，你不需要我度。"

这人立刻跳出檐下，站在雨中："现在我也在雨中了，该度我了吧?"

和尚说："我也在雨中，你也在雨中，我不被淋，因为有伞；你被雨淋，因为无伞。所以不是我度自己，而是伞度我。你要被度，不必找我，请自找伞去！"说完便走了。

自助而后天助。自己的命运只能由自己去把握，别人是帮不上忙的。

"自立者，天助也"，这是一条屡试不爽的格言，它早已被漫长的人类历史进程中无数人的经验所证实。自立的精神是个人发展与进步的真正动力和根源，它体现在众多的生活领域，成为国家兴旺强大的真正源泉。从效果上看，外在的帮助只会使受助者走向衰弱，而自强自立则能使自救者兴旺发达。

自助和受助这两个事物，虽然看起来是相互矛盾的，然而它们只有相互结合才是最好的——高尚的依赖和自立，高尚的受助和自助。

自助者，天助之。遇到问题，不要抱怨，不要依赖于别人，自己积极地动脑筋、想办法，一切都会迎刃而解的。

约翰·内斯就是一个自立自强的好例子。

约翰·内斯出生于1952年。他在出生的时候发过一次高烧，结果导致他患上了大脑神经系统瘫痪，这种病严重影响了他说话、行走和对肢体的控制能力。他长大后，人们都认为他肯定在神智上还存在着严重的缺陷和障碍，福利院将他定为"不适于被雇用的人"。专家们说他永远都不能工作。

约翰能取得日后的成就应当感谢他的妈妈，她一直鼓励约翰做一些力所能及的事情。她一次又一次地对约翰说："你能行，你能够工作、能够独立。"

约翰受到妈妈的鼓励后，开始从事推销员的工作。他从来没有将自己看做是"残疾人"。开始时，他向福勒刷子公司提交了一份工作申请，但该公司拒绝了他，并说他根本无法完成该公司的业务。另外几家公司也都作出了同样的判断。但约翰坚持了下来，他发誓一定要找到工作，最后怀特金斯公司很不情愿地接受了他，同时也提出了一个条件：约翰必须接受没有人愿意承担的波特兰、奥根地区的业务。虽然条件非常苛刻，但毕竟是个机会，约翰欣然接受了，他终于坚定地在自我的道路上迈出了第一步。

1959年，约翰第一次上门推销，反复犹豫了四次，才最终鼓起勇气按响了门铃，开门的人对约翰推销的产品并不感兴趣。接着是第二家、第三家。约翰的生活习惯让他始终把注意力放在寻求更强大的生存技巧上，所以即使顾客对产品不感兴趣，他也不会灰心丧气，而是一遍一遍地去敲开一户一户人家的门，直到找到对产品感兴趣的顾客。

58年来，他的生活几乎重复着同样的路线，他也一直坚定地走着自己的道路。

每天早上，在他工作的路上，约翰会在一个擦鞋摊前停下来，让别人帮他系一下鞋带，因为他的手非常不灵巧，要花很长时间才能系好。然后他会在一家宾馆门前停下来，请宾馆的接待员给他扣上衬衫的扣子，帮他整理好领带，使他看上去更好一些。不论刮风还是下雨，约翰每天都要走10英里，背着沉重的样品包四处奔波，那只没用的右胳膊蜷缩在身体后面。这样过了5个月，约翰敲遍了这个地区的所有人的家门。当他做成一笔交易时，顾客会帮助他填写好订单，因为约翰的手几乎拿不住笔。

每天出门14个小时后，约翰才筋疲力尽地回到家中，此时他总会感到关节疼痛，而且偏头痛还时常折磨着他。

一年年过去了，约翰负责的地区的家门越来越多地被他打开了，他的销售额也渐渐地增加了。24年之后，他已经上百万次地敲开了一扇又一扇的门，最终他成了怀特金斯公司在西部地区销售额最高的推销员，成了销售技巧最好的推销员。

在坚定的自我奋斗的路上，约翰获得了巨大的成就。

1996年夏天，怀特金斯公司在全国建立了连锁机构，现在约翰没有必要上门进行推销，说服人们来购买他的产品了。但此时，约翰成了怀特金斯公司的产品形象代表，他是公司历史上最出色的推销员，公司以约翰的形象和事迹向人们展示公司的实力。怀特金斯公司对约翰的勇气和杰出的业绩进行了表彰，他第一个得到了公司主席颁发的杰出贡献奖，后来这个奖项就只颁发给那些拥有像约翰·内斯那样杰出成就的人。

在颁奖仪式上，约翰的同事们站起来为他欢呼鼓掌，欢呼和泪水持续了5分钟。怀特金斯公司的总经理告诉他的雇员们："约翰告诉我们，一个有目标的人，只要全身心地投入追求目标的努力中，那么生活中就没有事情是不可能做到的。"那天晚上约翰·内斯的眼中没有痛苦，只有骄傲和自豪。

约翰·内斯的故事说明这样一个道理，一个人只要相信并充分依靠自己的力量，自立自强，便没有克服不了的困难。世界上真正能拯救自己和帮助自己的人只有我们自己。

自力更生和自己战胜自己将教会一个人从自身力量的源泉中吸取动力，从自己的力量中品尝到甜蜜的味道，学会正确地以劳动维持自己的生活，并认真地执行属于自己的职责。

最穷苦的人也有登上顶峰的时候，在他们走向成功的道路上，没有被证明根本不可战胜的困难。

无论别人的救助显得多么明智和多么美好，从事物本身的性质来讲，人们自己应当是自己最好的救星。

自助是一种智慧和能力，但这种智慧和能力总是潜藏在我们的生命之中，只有当我们自信地去奋斗，自己救自己，它们才会聚集起来，发挥作用。

 用自己的脚走自己的路

一位父亲和他的儿子出征打仗。父亲已做了将军，儿子还只是马前卒。又一阵号角吹响，战鼓擂响了，父亲庄严地托起一个箭囊，

213

其中插着一支箭，他郑重地对儿子说："这是家传宝箭，佩戴在身边，你将力量无穷，但千万不可抽出来。"

那是一个极其精美的箭囊，厚牛皮打制，镶着幽幽泛光的铜边儿，再看露出的箭尾，一眼便能认定是用上等的孔雀羽毛制作的。儿子喜上眉梢，贪婪地推想箭杆、箭头的模样，耳旁仿佛有嗖嗖的箭声掠过，他想象着敌方的主帅应声落马而毙的场景。

果然，佩戴宝箭的儿子英勇非凡，所向披靡。当鸣金收兵的号角吹响时，儿子再也禁不住得胜的豪气，完全忘记了父亲的叮嘱，强烈的欲望驱赶着他"呼"的一声就拔出宝箭，试图看个究竟。骤然间他惊呆了——一只断箭，箭囊里装着一只折断的箭。

"我一直带着断箭打仗呢！"儿子吓出了一身冷汗，必胜的信念仿佛顷刻间失去支柱的房子，轰然坍塌了。

结果不言自明，儿子惨死于乱军之中。

拂开蒙蒙的硝烟，父亲拣起那柄断箭，沉重地说道："不相信自己的意志，永远也做不成将军。"

那个儿子的悲哀就在于他将自己的性命系于外物，想依赖父亲的宝箭来寻找一种安全感。这种用依赖得来的信念十分脆弱，当依赖的人或物消失时，他的信念就会破灭，他就会走向必然的失败。

对我们来说，生活中最大的危险，就是依赖他人来保障自己。"让你依赖，让你靠"，就如同伊甸园中的蛇，总在你准备赤膊努力一番时引诱你。它会对你说："不用了，你根本不需要。看看，这么多的金钱，这么多好玩、好吃的东西，你享受都来不及呢……"这些话，足以抹杀一个人意欲前进的雄心和勇气，阻止一个人利用自身的资本去换取成功的快乐，让你日复一日地在原地踏步，止水一般停滞不前，以至于你到了垂暮之年，终日为一生无为而悔恨不已。

而且，这种错误的心理还会剥夺一个人本身具有的独立的能力，使其依赖成性，只能靠拐杖而不想自己一个人走。有了依赖，就不想独立，其结果是给自己的未来挖下失败的陷阱。而摆脱依赖的方法其实很简单，就是要学会自己走路，走自己的路。

　　走自己的路就意味着我们遇事要学会自己拿主意，要敢于坚持自己的想法，而不是总让别人替自己出主意或者是受别人言论的影响。明朝名人吕坤特别反对这种没有主见的毛病。他说，如果做事先怕人议论，做到中间一有人提出反对意见，就不敢再做下去了，这不仅说明这个人没有"定力"，也说明其没有"定见"。没有定见和定力，就不是一个独立自主的人。吕坤说，做人做事，首先要能独立思考，明辨是非，选择正确的立场观点。吕坤进一步说，每个人的想法都不会完全一致，我们不能要求人人的看法都与自己相同。因此我们做事要看我们想达到的目标和效果，而不要过于顾虑事前一些人的议论；等你把事情做好了，那些议论自然也停止了。即使事情没做成，但只要是正确的，就是应当作的，论不得成败。

　　意大利著名女影星索菲亚·罗兰就是一个能够坚持自己的想法、很有主见的人。她16岁时来到罗马，要圆她的演员梦。但她从一开始就听到了许多不利的意见。用她自己的话说，就是她个子太高，臀部太宽，鼻子太长，嘴太大，下巴太小，根本不像电影演员，更不像一个意大利式的演员。制片商卡洛看中了她，带她去试了许多次镜头，但摄影师们都抱怨无法把她拍得美艳动人，因为她的鼻子太长、臀部太"发达"。卡洛于是对索菲娅说，如果你真想干这一行，就得把鼻子和臀部"动一动"。索菲娅可不是个没主见的人，她断然拒绝了卡洛的要求。她诡"我为什么非要长得和别人一样呢？我知道，鼻子是脸庞的中心，它赋予脸庞以性格，我就喜欢我的鼻子和脸保持它的原状。至于我的臀部，那是我的一部分，我只想保持我现在的样子。"她决定不靠外貌而是靠自己内在的气质和精湛的演技来取胜，她没有因为别人的议论而停下自己奋斗的脚步。她成功了，那些有关她"鼻子长、嘴巴大、臀部宽"等议论都消失了，这些特征反倒成了美女的标准。索菲娅在20世纪即将结束时，被评为这个世纪"最美丽的女性"之一。

　　索菲娅·罗兰在她的自传《爱情与生活》中这样写道："自我开始从影起，我就出于自然的本能，知道什么样的化妆、发型、衣

215

服和保健最适合我。我谁也不模仿。我从不去奴隶似的跟着时尚走。我只要求看上去就像我自己，非我莫属……衣服的原理亦然，我不认为你选这个式样，只是因为伊夫·圣罗郎或第奥尔告诉你，该选这个式样。如果它合身，那很好。但如果还有疑问，那还是尊重你自己的鉴别力，拒绝它为好……衣服方面的高级趣味反映了一个人健全的自我洞察力，以及从新式样选出最符合个人特点的式样的能力……你唯一能依靠的真正实在的东西……就是你和你周围环境之间的关系，你对自己的估计，以及你愿意成为哪一类人的估计。"

索菲娅·罗兰谈的是化妆和穿衣一类的事，但她却深刻地触到了做人的一个原则，就是凡事要有自己的主见，要学会自己拿主意，而"不去奴隶似的"盲从别人。

心理学家认为，一个具有健康人格的人是自由的人，而自由主要体现在这个人能够自主地、有选择地支配自己的行为。这种自主感不是凭空产生的，其中很大一部分来自其少年期对自由支配时间的体验。创造自己的自主空间，可以从下面几方面做起：

（1）遇事先自己拿主意。遇事先想该怎么办，自己做主，然后再听取他人的意见，从中学到解决问题的经验和技巧，这样才能使智力有所增长，从而培养自主的能力。

（2）尝试着培养独立思考的能力。允许自己独自在一定的限度内犯错误，甚至允许自己做错。

（3）当你充满信心去实践自己的主张时，不要太依赖外部的帮助。当你遇到困难时，不要轻易向别人求援或接受他们的帮助，随着你的成长和成熟，你既要培养自己的责任心，又要有越来越多的独立性。你可以逐渐减少对他人的依赖和对他们的约束和服从，你可以有更多的自由去管理自己的事情。

（4）学会从小自己作决定。一旦作出决定，你就必须意识到要对选择的后果负责任。比如，一个人如果在他得到一星期的零花钱的第一天就把它花光了，那么他就必须尝尝那个星期其余几天没钱的滋味。自主能力往往都是在几次成功与失败的过程中树立起来的，不要太在意失败。

我们的成功之路，是用自己的双脚走出来的；我们的人生舞台，是用自己的行动表现出来的。

能够充分发展一个人的潜能的，不是外援，而是自助；不是依赖，而是自立。如果你总是让其他力量推着才能前行，那么，你的生命意义将归于零。

只有坚持自我的独立，用自己的脚走自己的路，才能走出一条属于自己的独特的成功之路。

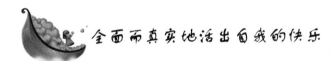

全面而真实地活出自我的快乐

人生中总要面临十字路口，有人徘徊，有人决绝；有人半途而废，也有人勇往直前。当面临抉择的时候，是坚持自己的方式，还是被扼杀在别人的目光下？如果为了取悦他人而一味地满足他人的价值观，那个真实的自我就会逐渐离我们远去。只有全面而真实地活出自我，才不会盲目和迷失，才不会被他人的目光一层一层缠绕得越来越复杂。

每个人都有自己的生活方式与态度，都有自己的评价标准，我们可以参照别人的方式、方法、态度来确定自己的行动方略，但万不可生活在别人目光的阴影下。一个活在别人标准和眼光之中的人是痛苦而悲哀的，他们从来都不曾体会过展现自我的快乐。

在电影历史中占有一席经典之位的演员乌比·戈德堡，从小就是一个"与众不同"的"另类"。但她却始终坚持着成为一个独立的个体，坚强地承担着来自他人眼光的所有疑义甚至责难，正如妈妈曾经教育她的那样。

乌比·戈德堡生长的年代正值"嬉皮士"流行的时代。她生活在环境颇为复杂的纽约市切尔西劳工区，经常打扮得奇装异服，引

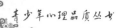

来周围人的议论纷纷。可她似乎一点也不在乎，依然身穿大喇叭裤，头顶蓬蓬头，脸上涂满五颜六色的彩妆。

甚至有一次，她因穿着破烂的吊带裤和漆染衬衫，而遭到好友无论如何也不和她一起逛街看电影的拒绝。正当这时，乌比·戈德堡的母亲走过来，出人意料地对她讲："你可以去换一套衣服，然后变得跟其他人一样。但你如果不想这么做，只要确信你有足够的坚强，可以承受一切外界的嘲笑，那么就坚持下去。不过，你必须知道，你会因此而引来批评，你的情况会很糟糕，因为与大众不同本来就很不容易。"

乌比·戈德堡大受鼓舞。她恍然间意识到，除了母亲，没有人会在一开始就对自己的"另类"存在方式给予理解，更不要说是鼓励和支持了。如果她为了与朋友的目光"和谐相处"而换掉今天的这身衣服，那么日后又要为多少人换多少次衣服呢？也就是从那时起，乌比·戈德堡一生即使在强大的"同化"压力下，也不愿为了他人的目光而改变自己。

她在电影中扮演的修女也是一个很另类的形象。就是在她成名后，也总能听到人们说："她在这些场合为什么不穿高跟鞋，反而要穿红黄相间的跑步鞋？她为什么不穿小礼服？她为什么跟我们不一样？"可最终，人们还是接受了她的风格，并且受了她的影响，学着她的样子梳起黑人细辫做人字头，因为她是那么与众不同，那么魅力四射。

人们总是习惯以一个人的外表作为先入为主的评判依据，却忽视了内在。要想成为一个独立的个体，就要坚强到能承受来自各方面的各色眼光。乌比·戈德堡的母亲是伟大的，她懂得告诉她的孩子一个处世的根本道理——拒绝改变并没有错，但是拒绝与大众一致也是一条漫长的路。

如穿衣一样，生活中我们也不能总是随着别人的目光而变来变去。所谓"众口难调"，大千世界，人人的喜好都不尽相同，没有自我的生活方式，内心就像一个没有根的浮萍，随波逐流。生活中原

计较、嫉妒、记恨：人生的三大敌人

本就没有一成不变的条条框框，只要内心坚定，自然就不会起那么多的纷争，世界也会因你而改变。

很多时候，我们内心的满足来自于别人目光折射回来的色彩基调：别人羡慕我们幸福，自己感觉就很满足；别人觉得她们自己很幸福，我们就会拿自己的生活与之相比。往往，人们总是忽视了自己内心真正想要的东西，而常常被外在的事物所左右。无论他人幸福与否，那都不是我们所能摸得到的生活。将自己的幸福建立在与他人比较的基础之上，或建立在他人的目光中，那么我们永远也不会感受到幸福。

这样的现象在生活中是不是很常见：一家卖了旧房、在闹市区买了新房的老邻居，劝她也该"重新动动"了。于是，女人便眼红心动，和丈夫吵着闹着也要在闹市区买房，而且还偏要和邻居是同一栋楼。

当历尽"口舌之磨、身心之疲"后，好不容易交了订金，女人仍然不满意——要买就买比老邻居大一点的那套。

等到钥匙拿到手后，心算踏实了。当亲朋好友问起时，女人显得毫不上心地随意一说："嗨，不大，100多平米，就比那谁家的大一点儿！"

将自己的生活置放在了别人的标准和目光中，相对于短暂的人生而言，是怎样的一种悲哀和痛苦。当我们总是把"别人的目光"作为终极目标时，就会陷入物欲设下的圈套。如同童话里的红舞鞋，漂亮、妖艳而充满诱惑，一旦穿上，便再也脱不下来。我们疯狂地转动舞步，一刻不停，尽管内心充满疲惫和厌倦，但脸上依然还要挂出幸福的微笑。当我们在众人的喝彩声中终于以一个优美的姿势为人生画上句号时，才发觉这一路的风光和掌声，带来的竟然只是说不出的空虚和疲惫。

第九章 摒弃依赖：克服依赖心理，打造精彩人生

第十章　摒弃恐惧：心怀"恐惧"而又无所畏惧

恐惧是人的情感中难解的症结之一。面对自然界和人类社会，生命的进程从来都不是一帆风顺、平安无事的，总会遭到各种各样的挫折、失败和痛苦。

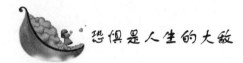
恐惧是人生的大敌

恐惧是人的情感中难解的症结之一。面对自然界和人类社会，生命的进程从来都不是一帆风顺、平安无事的，总会遭到各种各样的挫折、失败和痛苦。

当一个人预料将会有某种不良后果产生或受到威胁时，就会产生一种不愉快的情绪，并为此而紧张不安，程度从轻微的忧虑一直到惊慌失措。

现实生活中，每个人都可能经历某种困难或危险的处境，从而体验不同程度的焦虑。恐惧作为一种生命情感的痛苦体验，是一种心理折磨。

人们往往并不为已经到来的或正在经历的事而惧怕，而是对结果的预感产生恐慌。

人们生怕无助、生怕被排斥、生怕孤独、生怕被伤害、生怕死亡的突然降临；同时，人们也生怕失官、生怕失职、生怕失恋、生怕失亲、生怕声誉的瞬息失落。

其实，让我们恐惧的这些东西并没有那么可怕，可怕的是恐惧本身，恐惧比什么东西都可怕。

整日游荡在充满各种恐惧的世界里的人会呈现出一副布满焦虑和担忧的脸孔，在他心目中，似乎人生就是永恒的失意。这真是一件令人惋惜的事情！

恐惧虽然阻碍着人们力量的发挥和生活质量的提高，但它并非是不可战胜的。

只要人们能够积极地行动起来，在行动中有意识地纠正自己的恐惧心理，那它就不会再成为我们的威胁了。

如果一个人面对令他恐惧的事情时总是这样想："等到没有恐惧

心理时再来做吧，我得先把害怕退缩的心态赶走才可以。"这样做的结果往往是把精神全浪费在消除恐惧感上。

恐惧纯粹是一种心理现象，是一个幻想中的怪物，一旦我们认识到这一点，我们的恐惧感就会消失。

如果我们都被正确地告知没有任何臆想的东西能伤害到我们，如果我们的见识广博到足以明了没有任何臆想的东西能伤害到我们，那我们就不会再感到恐惧了。

弱者的害怕，是在害怕中充满疑虑；强者的害怕，是在害怕中仍然充满自信。

害怕是人的正常情绪，压抑自己的害怕只会令你更加手足无措；你可以害怕，但是不能输给眼前的敌人。

马克·富莱顿说："人的内心隐藏任何一点恐惧，都会使他受到魔鬼的利用。"

美国著名作家、诺贝尔文学奖获得者福克纳说："世界上最懦弱的事情就是害怕，应该忘了恐惧感，而把全部身心放在属于人类情感的真理上。"

爱因斯坦说："人只有献身社会，才能找出那实际上是短暂而有风险的生命的意义。"

循着哲人们的脚步，聆听他们智慧的声音，我们还有什么可以恐惧的理由？

勇敢的思想和坚定的信心是治疗恐惧的良药，它能够中和恐惧思想，如同化学家通过在酸溶液里加一点碱，就可以破坏酸的腐蚀性一样。

当人们心神不安时，当忧虑正消耗着他们的活力和精力时，他们是不可能获得最佳效率的，是不可能事半功倍地将事情办好的。

所有的恐惧在某种程度上都与人自己的软弱感和力不从心有关，因为此时他的思想意识和他体内的巨大力量是分离的。一旦他开始心力交融，一旦他重新找到了让他自己感到满意和大彻大悟的那种平和感，那么，他将真正体味到做人的荣耀。

感受到这种力量和享受到这种无穷力量的福祉之后，他便绝对不会满足于心灵的不安和四处游荡，绝对不会满足于萎靡不振的状态。

在不安、恐惧的心态下仍勇于作为，是克服神经紧张的处方，能使人在行动之中获得活力与生气，渐渐忘却恐惧心理。

只要不畏缩，有了初步行动，就能带动第二、第三次的出发，如此一来，心理与行动都会渐渐走上正确的轨道。

恐惧产生的结果多是自我伤害，它不仅让你丧失自信心或战斗力，还能使人被根本不存在的危险伤害。与恐惧相反，勇气和镇定能使人变得强大，能减少或避免危害。

所以，在面对危险的时候，一定要临危不乱，牢记勇者无惧的箴言，这样你才能从容面对生活并且走向成功。

 直面恐惧才能战胜恐惧

尼克里为了领略山间的野趣，一个人来到一片陌生的山林，左转右转，迷失了方向。正当他一筹莫展的时候，迎面走来了一个挑山货的美丽少女。

少女嫣然一笑，问道："先生是从景点那边迷路的吧？请跟我来吧，我带你抄小路往山下赶，那里有旅游公司的汽车在等着你。"

尼克里跟着少女穿越丛林，阳光在林间映出千万道漂亮的光柱，晶莹的水汽在光柱里飘飘忽忽。

正当他陶醉于这美妙的景致时，少女开口说话了："先生，前面一点就是我们这儿的鬼谷，是这片山林中最危险的路段，一不小心就会摔进万丈深渊。我们这儿的规矩是路过此地，一定要挑点或者扛点什么东西。"

尼克里惊问："这么危险的地方，再负重前行，那不是更危险吗?"

少女笑了,解释道:"只有你意识到危险了,才会更加集中精力,那样反而会更安全。这儿发生过好几起坠谷事件,都是迷路的游客在毫无压力的情况下一不小心摔下去的。我们每天都挑东西来来去去,却从来没人出事。"

尼克里冒出一身冷汗,对少女的解释十分怀疑。他让少女先走,自己去寻找别的路,企图绕过鬼谷。

少女无奈,只好一个人走了。

尼克里在山间来回绕了两圈,也没有找到下山的路。

眼看天色将晚,尼克里还在犹豫不决。夜里的山间极不安全,在山里过夜,他恐惧;过鬼谷下山,他也恐惧;况且,此时只有他一个人。

后来,山间又走来一个挑山货的少女。极度恐惧的尼克里拦住少女,让她帮自己拿主意。少女沉默着将两根沉沉的木条递到尼克里的手上。尼克里胆战心惊地跟在少女身后,小心翼翼地走过了这段"鬼谷"路。

过了一段时间,尼克里故意挑着东西又走了一次"鬼谷"路。这时,他才发现"鬼谷"没有想象中那么"深",最"深"的是自己想象中的"恐惧"。

很多人都会对"不可能"产生一种恐惧,绝不敢越雷池一步。因为太难,所以畏难;因为畏难,所以根本不敢尝试。不但自己不敢去尝试,认为别人也做不到。

困境中,如果你认为自己完了,那你就永远失去了站立的机会。

一旦勇于面对恐惧之后,绝大多数人立刻就会醒悟:自己拥有的能力竟然远远超过原来的想象!

无论你内心感觉如何,你都要摆出一副赢家的姿态。

就算你落后了,保持自信的神色,仿佛成竹在胸,也会让你心理上占尽优势,而终有所成。

不要因为恐惧而不敢去尝试,其实人人都是天生的冒险家。从你出生的那一时刻起到 5 岁之间，人生第一个 5 年里，是冒险最多的阶段，而且学习能力也比以后更强、更快。

难以想象，在我们的懵懂阶段，整天置身于从未经验过的环境中，不断地自我尝试，学习如何站立、走路、说话、吃饭，等等。

在这个阶段的幼儿，无视跌倒、受伤，把一切冒险当做理所当然，也正因为如此，幼儿才能逐渐茁壮成长。

当人的年龄不断增长，经历过许多事情之后，就会变得愈来愈胆小，愈来愈不敢尝试冒险。这是为什么？

其实这是个很简单的道理，大多数人根据过往的经验得知，怎么做是安全的，怎么做是危险的，如果冒然从事不熟悉的事，很可能会对自己产生莫大的威胁。

随着年龄的增长，他们越来越安于现状，越来越害怕改变。

行为科学家把这种心态称之为"稳定的恐惧"，也就是说，因为害怕失败，所以恐惧冒险，结果观望了一辈子，始终得不到自己想要的东西。殊不知，凡是值得做的事情多少都带有风险。

危险常常与机会结伴而行。如果听听有成就者的说法，就不难理解一个人在获得成功前，为什么多会遭遇到挫折。

一时的挫败并不表示一生的终结，绝不能由于害怕而踌躇不前。为了成功，失败是难以避免的，只要能从失败中吸取教训，此后该怎么做，心里必然一清二楚。

只有直面恐惧，不怕冒险，才能打破恐惧，走向成功。

但由于恐惧心理作祟，很多人宁可躲到一边，远离机会，也不愿意去冒险。

恐惧心理有很多类型：担心事情发生变化；害怕遭遇未知的问题；因放弃安定的收入而感到不安，等等。

总之，他们认为失败是一件可怕的事。

如果能按照以下几点去做，恐惧将不再发生。

1. 要有必胜的信心

只有自己才能保证自己的将来。工作需按部就班，生意虽有成有败，但知识或经验的价值却永不会消失。

一个人只要有信心，无论遭遇什么情况，都不致一筹莫展，而且信心是谁都夺不走的。

小成就的累积，可以培养更大的信心。

一个人应该认真地自我反省，努力改进，以建立信心，如此才能在遭遇阻碍时，最大限度地发挥潜力。

2．冲破恐惧心理

面对伴随冒险的机会时，内心的恐惧就会对你说："你绝对办不到。"

祛除恐惧的办法只有一个，那就是往前冲。假如对机会心怀恐惧，你更应强迫自己去面对它。一旦获得机会，向前迈进，以后碰上更好的机会时，你就不会恐惧了。

3．不怕失败，勇于接受挑战

如果毅然接受挑战，至少你可以学到一些经验，增长自己的见识。不要怕失败，也不可因此而一蹶不振。

敢向中流游去，即使不能立刻获得成功，一定也能学到宝贵的经验，成功只是时间问题而已。一个人只要肯尽力学习，成功的机会就会逐渐增加。

直面恐惧，让自己成为一个冒险家，人生便不再充满黑暗。敢于争取、敢于斗争，你才能给自己争取到成功境界里的一席之地。

如果你无法战胜自己的恐惧心理，成功也就永远与你无缘。所以，不要害怕，去勇敢面对荆棘坎坷吧，这样你才会活得有声有色。

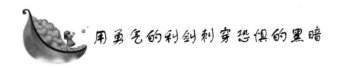

用勇气的利剑刺穿恐惧的黑暗

许多人简直对一切都怀着恐惧之心：他们怕风，怕受寒；他们吃东西时怕有毒，经营商业时怕赔钱；他们怕人言，怕舆论；他们

第十章　摒弃恐惧：心怀『恐惧』而又无所畏惧

怕困苦的时候到来，怕贫穷，怕失败，怕收获不佳，怕雷电，怕暴风……他们的生命，充满了怕，怕，怕！

当一个人的思想随着恐惧的心情而起伏不定时，干任何事情都不可能收到功效。

在实际生活中，真正的痛苦其实并没有想象中那么大。那些使得我们未老先衰、愁眉苦脸的事情，那些使得我们步履沉重、面无喜色的事情，实际上并没有发生。

恐惧消耗人们的精力，损害和破坏人们的创造力。心存恐惧的人是无法充分发挥其应有才能的，他只会使自己无法做到最好。

如果处境困难，他就会束手无策，焦虑不安。这时，他需要拿起勇气的利剑，刺穿恐惧的黑暗。

勇气是一切时代伟大奇迹的创造者。无论你做什么，首先要鼓起勇气。不要问怎么办、为什么或什么时候，而一定要全力以赴，一定要有勇气。

在 19 世纪 50 年代的美国，有一天，黑人家里的一个 10 岁的小女孩被母亲派到磨坊里向种植园主索要 50 美分。

园主放下自己的工作，看着那黑人小女孩敬而远之地站在那里，便问道："你有什么事情吗？"

黑人小女孩没有移动脚步，怯怯地回答说："我妈妈说想要 50 美分。"

园主用一种可怕的声音和斥责的脸色回答说"我绝不给你！你快滚回家去吧，不然我用锁链锁住你。"说完继续做自己的工作。

过了一会儿，他抬头看到黑人小女孩仍然站在那儿不走，便掀起一块桶板向她挥舞道："如果你再不滚开的话，我就用这桶板教训你。好吧，趁现在我还……"

话未说完，那黑人小女孩突然像箭镞一样冲到他前面，毫不畏惧地扬起脸来，用尽全身气力向他大喊："我妈妈需要 50 美分！"

慢慢的，园主将桶板放了下来，手伸向口袋里摸出 50 美分给了那黑人小女孩。她一把抓过钱去，便像小鹿一样推门跑了。

园主目瞪口呆地站在那儿回顾这奇怪的经历——一个黑人小女孩竟然毫无惧色地面对自己，并且镇住了自己，在这之前，整个种植园里的黑人们似乎还从未敢想过。

"跟生活的粗暴打交道，碰钉子，受侮辱，自己也不得不狠下心来斗争，这是好事，使人生气勃勃的好事。"正是勇气的支撑，使身体单薄的小女孩选择了抗争。"应当惊恐的时候，是在不幸还能弥补之时。

在它们不能完全弥补时，就应以勇气面对它们。"

在著名女作家乔治·艾略特的经历之中，人们终于知道了她为什么没有与赫伯特·斯宾塞结婚。那不是她的错，因为她非常爱他，非常想与他结婚。

他们有很多共同之处，他也追求她很多年，很多人都以为他们将要结婚。

有一天，斯宾塞用抛硬币来决定是否结婚，如果是正面就结婚，如果是反面就不结婚。结果硬币是反面，他决定不结婚。这个决定虽然称不上残酷，却有点草率。当然，这也深深地伤害了艾略特，因为她深深地爱着他，也期待着他的爱。她很痛苦。

在心碎数月之后，她写信给一位朋友说："我很好，很'勇敢'，我本来想把这个词换成'快乐'的。"

当然，她也是幸运的，如果她自己有所察觉的话。斯宾塞像一头蠢猪一样冷酷、抽象而又易怒。如果他们结婚，她所受到的痛苦可能更大，更不用说斯宾塞常年有病了。

实际上，这可以称得上是一种幸运的解脱方式。斯宾塞的个性僵硬，很多人认为他的哲学也是僵硬的。

毕竟，离她而去的是一个居然会用抛硬币来决定自己终身大事的家伙。这样的行为，如果不是出于自私，他的心理肯定有问题。

由于斯宾塞一生未婚，可以说，对于其他女性来说，这也是幸运的。

当我们知道"勇气"可以代替"快乐"时，我们是幸运的，因

第十章　摒弃恐惧：　心怀『恐惧』而又无所畏惧

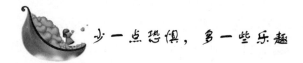

为它揭示了生活中的一个事实。

虽然我们失去了一些东西，但是，我们同时也有所得。

快乐是不可捉摸的，在我们的面前忽隐忽现。当我们追寻它时，它却不在那里，我们必须费尽心思去寻找它，它是非常害羞和狡猾的。

恐惧虽然阻碍着人们力量的发挥和生活质量的提高，但它并非是不可战胜的。

只要人们能够积极地行动起来，在行动中有意识地纠正自己的恐惧心理，那它就不会再成为我们的威胁了。

正像乔治·艾略特面对失恋的痛苦一样，伟大的胸怀应该表现出这样的气概——用笑脸来迎接悲惨的厄运，用百倍的勇气来应付一切的不幸。

勇气在哪里，成功就在哪里；勇气在哪里，生命就在哪里。在勇气的天空下，我们才能美丽地活着……

少一点恐惧，多一些乐趣

刘畅工作的地方与一所大学很近，每到吃饭时间他就会到校园食堂里就餐。那是朋友介绍的，刘畅按既定的路线找到食堂。可是那里的消费实在是太高了。

刘畅想："这里肯定还会有别的可以就餐的地方，而且价格肯定要低！"可是刘畅一连4天都不敢向坐在他旁边的本校学生询问，怕暴露他校外人员的身份。

刘畅每天像贼一样吃完饭后，悄悄溜走，心痛着口袋里的钱像流水一样流进别人的腰包。

一天，刘畅的一位朋友来找他，他提议两人在校园里参观一下。于是他带着饱满的精神在校园里行走，他热情勇敢地向女学生打招呼问路，当行人注目着他们时，他甚至洋洋得意起来。他们花了不到 30 分钟将校园参观了一遍，收获很大。知道了校园医院在哪里，在哪里可以娱乐，哪里的小卖铺东西便宜，他们还发现了可以大饱口福而不用太花钱的地方。

从此以后，刘畅明白了一个道理，多表现一下自己可以省很多钱，张口说话并不像原来想象的那么恐惧，而且能让你得到很多乐趣。

你可能会认为一位 60 岁的女士买摩托车是在逞强，但玛丽却决定这样做了。

"买它到底干什么？"亲戚、朋友不满地问。

"去探路。"玛丽告诉他们。

"开着小车照样可以做同样的事情。"他们说。

"是的，但我怎能随时停车，去欣赏遍地的野花和倾听小溪的私语呢？"玛丽回答说。

"你会出事的。"他们说。

当然，骑摩托车很危险。玛丽一位朋友的经历对此最具说服力：她曾骑车摔进水坑，付出了折断胳膊的代价。另外有位寡妇在返校途中，跌入了深坑，并因此不敢再出现在讲台上，怕年轻的学生嘲笑。"也许会这样，但这正是我还未驾过轻骑的原因。我决定尝试一下。"玛丽用自己的理由回答他们的好心。

为了好好练习一番，必须得找块安全的场地。玛丽发现了一条石板小径，周末时，她常可独自享有这条小路。每当她对摩托车感到厌烦时，便下车慢悠悠地转一圈，而后便开足马力返回。她的驾驶技术每天都有些长进。

玛丽驱车慢行时，常常乐得哈哈大笑，没想到这样无忧无虑、自由地闯入风中会是这般兴奋。

邻居们似乎对此也渐渐产生了兴趣。玛丽骑车经过他们时，他们微笑着招手致意。

头一次，她以为是因为自己的头盔、变色镜、长手套和身着皮

231

央克的"全副武装"模样看起来很有趣。但此后，她从他们脸上看到的，都是热情和对冒险行为的羡慕。

冒险应在占有知识的基础上进行，适度的冒险精神是克服恐惧的良药。其实，恐惧只是一个幻想中的怪物，没有任何臆想的东西能够伤害到我们。

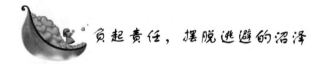

负起责任，摆脱逃避的沼泽

现实生活中，常有人以逃避来麻醉自己，以减轻痛苦。

有人说"人生最大的错误是逃避"。的确，在成功的道路上，因为恐惧而逃避是一个极大的障碍。

心理学家认为，逃避是一种"无法解决问题"的心态和没有勇气面对挑战的行为。在现实生活中，如果畏缩不前，战战兢兢，就永远也看不到成功。

有些人想出去旅行；有些人则努力地寻找快乐，去各种地方，做各种各样的事情。

我们也可能会做一些好的工作，但是，在我们能够直面这些事情之前，我们一直是恐惧的、不快乐的。

任务没有完成、问题没有解决、挑战没有应付……就好像旧账没有还一样，最终还是要回来还债，并且交还本息，而它的利息就是品尝自己因为懦弱地离开而种下的苦果。

如果一个人不能在重大的事情上接受生命的挑战，他就不可能心境平和，不可能有快乐的感觉，同样，也不可能摆脱这些困扰。

侗军有着令人羡慕的职业，他是一个因循守旧的人，不习惯面对变化与改革。

当他得知自己可能被指派去干他既不熟悉也不喜欢的工作时，潜在的焦虑、恐惧与厌世情绪随即涌上心头。他本来可以去竞争另

外一个更适合自己的职位，可是他由于胆怯自卑而失去了竞争的勇气。

正是这种逃避竞争、习惯于退缩的心态，使他陷入绝望的深渊之中。这种扭曲的心态和错误的认知观念使他放弃了所有的努力。

其实，人的一生，或多或少都会遇到一些意外和不如意的事情，而我们能否以健康的心态来面对是至关重要的。

有这样一则寓言故事正说明了逃避能够带来的人生是什么样的。

一个雨夜，一只猴子和一只癞蛤蟆坐在一棵大树底下，一起抱怨这阴冷的天气。

"咳！咳！"最后猴子被冻得咳嗽起来。

"呱——呱——呱！"癞蛤蟆也冷得叫个不停。

当它们被淋成了落汤鸡、冻得浑身发抖的时候，它们商议再也不过这种日子了，于是它们决定天一亮就去砍树，用树皮搭个暖和的棚子。

第二天一早，当橘红的太阳在天边升起，金色的阳光照耀着大地的时候，猴子尽情地享受着阳光的温暖，癞蛤蟆也躺在树根附近晒太阳。

猴子从树上跳下来，问癞蛤蟆：

"嗨！我的朋友，你现在感觉如何？"

"啊哈，再好不过了！"癞蛤蟆回答说。

"我们现在还要不要去搭棚子呢？"猴子问。

"猴子老兄，你说是动刀动斧地砍树皮好呢，还是在温暖的阳光下饱饱地睡上一觉好呢？"癞蛤蟆懒洋洋地说，"再说动刀动斧的，碰到自己怎么办？"

"那好吧，棚子可以等明天再搭！"猴子也爽快地同意了。

它们为温暖的阳光整整高兴了一天。

天有不测风云，傍晚，又下起雨来。

它们又一起坐在大树底下。

"咳！咳！"猴子又咳嗽起来。

233

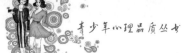

"呱——呱——呱!"癞蛤蟆也冻得喊个不停。

它们再一次下了决心:明天一早就去砍树,搭一个暖和的棚子。

可是,第二天一早,橘红的太阳又从东方升起,大地再一次洒满了金光。

猴子高兴极了,赶紧爬到树顶上去享受太阳的温暖。

癞蛤蟆也一动不动地躺在地上晒太阳。

猴子又想起了昨晚说过的话,可是,癞蛤蟆却说什么也不同意:"干吗要浪费这么宝贵的时光,棚子留到明天再搭嘛!"

这样的情景,一直重复出现。迄今为止,它们的情况都没有变化。

生活中,我们常把明天作为逃避今天的心灵寄托,而当明天一旦来临,你的逃避心理又在为另一个明天"起草稿",这样的人生不失败又能如何?所以,从现在开始就停止你的抱怨、拖延、逃避吧。

因为抱怨会赶走机遇,拖延会颓废生命,逃避会让你永远守着今天而看不到明天。

面对竞争,面对压力,面对坎坷,面对困厄,有人选择了逃避,有人选择了面对和征服,结果不言而喻,越是逃避越是躲不开失败的命运,越是敢于迎头而上越是能够品尝成功的甘甜。

有人说,一个人在心理状况糟糕的时候,不是走向逃避和崩溃,就是走向担当和希望。

有些人之所以一再的不如意,根本原因就在于他们选择了逃避。如果我们能够善待自己,接纳自己,并不断克服自身的缺陷,克服逃避的心理,我们就能拥有更为美好的人生。

怎样做才能克服逃避心理呢?

首先,要克服自己的怯懦心理。很多人逃避责任不是因为没有能力,而是因为存在怯懦心理。

其次,告别懒惰。懒惰是逃避者的一大通病,任何懒惰的人都不会获得成功。

再次,切实负起责任。一个习惯于逃避的人,必须培养和树立责任心，才有可能勇敢地承担责任，才能去做自己想做的事，否则就会畏首畏尾，永远走不出黑暗。

不论遇到什么问题，哪怕是面临失败，也不要灰心丧气，要勇敢地正视它，以积极的态度寻找应变的方法。一旦问题解决了，自信心也会随之增加，逃避的行为就会消失了。

战胜恐惧，拥有一颗泰然之心

北美有一句谚语："不正面面对恐惧，就得一生一世躲着它。"往往，对危险的惧怕要比危险本身更可怕。如果我们无法从自己内心真正克服恐惧，那么这个阴影就会一直跟着我们，变成一种怎么也无法逃脱的遗憾。

人们往往因为自身的弱小而产生恐惧，进而想用强烈的占有去填补；恐惧越深，欲望越强。但实际上，由此而获得的安全感须臾而逝，远不能抵挡住那种源自内心的恐惧感。

因为，占有之后人们就开始担心失去，占有越多。担心失去的也越多，于是，更大的恐惧随之而来。

如此说来，只有不断强大自己的内心，直面恐惧，才会获得永久澄净的安宁。

某位著名企业家在接受记者采访时，讲过这样的一个真实发生在自己身上的故事。

当这位企业家还在读小学的时候，因为犯了一个错误，被老师打手心，恰好这一幕被他当时暗恋的女孩看见了。

这是一个很正常的事，可是这位企业家从此却每天晚上都会做噩梦，梦见自己每次犯了错误后都被老师打手心。早上起床后，感觉手心隐隐地疼。

初中毕业后，这位企业家考上了市重点，离开了母校，离开了暗恋了三年的女孩，他以为这样的梦会消失，可是这样的情形一直持续到他大学毕业后。

一直到这位企业家参加初中同学聚会时，再见当年暗恋的女孩时，这样的梦才消失，而且消失得很彻底。

如果把人的全部恐惧当成一棵树的话，其他所有的恐惧只是树干、树枝、树叶，或者是树皮，而人类对死亡的恐惧就是树根。可以说，我们所有的恐惧其实都是从对死的恐瞑中派生出来的。

没有人能提前试验一次死亡，而不能实现的恐惧往往都是挥之不去的。所以，当死亡的事实真正来临的时候，人们终于到达了恐惧的根源与极致。

所谓物极必反，这时候人的内心反而慢慢渐趋祥和安宁了。进而，人们也就无须通过占有去抵挡内心的不安了。

生活中有些人经常对某件事情充满了虚假的恐惧，就是俗话说的"自己吓自己"。

比如，没有骑过车的人害怕骑车，不会游泳的人害怕下水。然后，便在自己的脑海中不断地臆想出许多危险的后果，仿佛身临其境。无论旁人怎样地安慰与规劝，都无法让他们心中虚假的恐瞑得到释怀。

其实，克服恐惧最好的办法就是直面它，具体来说，即让当事者逐渐地亲身体验恐惧，直至最后能发自内心地克服掉。来看看这位资深滑雪教练的授课心得：

"在我教人滑雪的时候，有很多从未穿过滑雪板的人总是害怕从高坡上冲下去时，由于速度过快而无法停下来，或是害怕由此而摔倒。他们总是把自己对滑雪的想象一遍又一遍地在头脑中强化，进而形成对滑雪的恐惧——最终，就真的不敢滑了。

而在这个时候，我一般帮人克服恐惧的方法就是，由我亲身实践他们的恐惧，并要求初学者观看实践的过程。也就是说，如果有人害怕速度太快而停不住，那么我就会演示在怎样的情况下是无法停下来的，然后再演示怎样做就会停住。"

这样通过旁人演示而重现恐瞑，我们就能逐渐感受到恐惧其实只是我们自费花尽心思而编织的。

事实上，那个事物本身本没有我们想的那么复杂。尽可能地让自己有实际体验的感觉，只有实际体验才能改变人的思维，这也就是常说的"直接面对"。

大多数时候，人们的恐惧是因为自身的弱小而产生的。因为弱小，就会让人感到不安全，觉得自己的利益得不到可靠的保护。

而利益是自身的一层保护膜，利益得不到保护，自身也就会感到不安全，并进一步产生恐惧。

所以，人们便想出了一种逃避的做法，希冀着可以变相地掩盖掉恐惧——这就体现在人们强烈的占有欲上。

占有更多的权利、更多的名誉、更多的金钱、更多的资源；恐惧越深，欲望越强。一旦占有的目的达到了，就会获得一种自认为安全的笼罩。

可悲的是，这种用逃避来抵挡源自内心恐惧的方法只是暂时的。因为，占有之后人们便开始担心失去，占有的越多，担心失去的也就越多，于是，更大的恐惧随之而来。

可见，恐惧是我们生命中的不速之客，时时刻刻盘踞心头，每当外在环境微起波澜，它就迅即渗透到我们的意识当中。

通常，我们想排挤它，赶走它；或者麻痹自我而忽略它的存在。

然而，恐惧始终潜伏着，如同死神从来没有因为人们不愿触及就自动隐退一样。

所以，逃避恐瞑并不能把它消灭；只有直面恐惧，我们才有机会将其打败。

如果我们用"无畏"的态度来观察恐惧，可以看得出它的双重面孔：因为害怕不已，我们麻痹瘫痪；因为心怀畏惧，我们积极迎战。

危难当头，恐惧往往是一个信号或警告，激励着人们打败它。

我们能做到的也是必须做到的就是：正视自己，增强信心，坚信自己有能力在任何时候，沉着地面对任何事情——这是一种内心的强大。

当培养出一颗宠辱不惊、临危不乱的泰然之心时，除了那份追求的终极信仰外，再没有任何闲杂嘈扰可以让我们精神动乱。那时，我们便感到越来越能把握住自己的命运，

如此，在任何时候都敢于与恐惧对视，正面迎接，从而战胜并达到祥和的永巨。

计较、嫉妒、记恨：人生的三大敌人